计算机组成原理实验

主　编　樊　莉

编　者　毕经存　杨卫军　樊　莉

西北工业大学出版社

【内容简介】 本书实验内容主要面向"计算机组成原理"课程,是以充实、固定、延伸课程学习,培养科学实验技能、严谨的工作作风和创新实践能力为目标而编写的。

本书详细介绍了计算机组成原理实验系统,并结合实验系统设计了基本运算器、超前进位加法器、静态随机存储器、Cache 控制器设计、时序发生器、微程序控制器、系统总线、简单模型机、硬布线控制器模型机和复杂模型机、带中断处理能力和带 DMA 控制功能的模型机、精简指令计算机和基于流水技术处理机等实验项目。实验项目强调原理性、针对性、创新性,实验原理论述详尽,指导性强。

本书可作为高等学校计算机科学与技术等相关专业开设计算机组成原理实验课程的教材,也可供从事该领域工作的相关人员自学参考。

图书在版编目(CIP)数据

计算机组成原理实验/樊莉主编 . —西安:西北工业大学出版社,2011.12
ISBN 978 - 7 - 5612 - 3246 - 0

Ⅰ.①计…　Ⅱ.①樊…　Ⅲ.①计算机体系结构—实验　Ⅳ.①TP303

中国版本图书馆 CIP 数据核字(2011)第 257008 号

出版发行:西北工业大学出版社
通信地址:西安市友谊西路 127 号　　　邮编:710072
电　　话:(029)88493844　88491757
网　　址:www.nwpup.com
印 刷 者:陕西兴平报社印刷厂
开　　本:787 mm×1 092 mm　　1/16
印　　张:8.625
字　　数:206 千字
版　　次:2012 年 3 月第 1 版　　2012 年 3 月第 1 次印刷
定　　价:19.00 元

前　言

计算机组成原理是计算机专业的核心课程之一,主要讲述计算机系统各大部件的组成和工作原理,各大部件集成整机的工作机制,并建立计算机工作的整体概念,是一门实践性很强的课程,其实验环节在教学中占有很重要的地位。通过实验教学,进一步融会贯通理论教材内容,更好掌握计算机各功能模块的组成及工作原理,掌握各模块的相互联系,完整地从时间上和空间上建立计算机的整机概念;掌握计算机硬件系统的分析、设计、组装和调试的基本技能。

本书的实验内容主要面向计算机组成原理课程,并兼顾计算机系统结构课程实验,是以充实、巩固、延伸课程学习,培养科学实验技能、严谨的工作作风和创新实践能力为目标而编写的。

全书共有 9 章内容。第 1 章对实验系统进行概述,主要介绍了 TD - CMA 实验教学系统的硬、软件配置及时序电路单元,为后续实验做准备。第 2~5 章介绍了基本运算器、超前进位加法器、静态随机存储器、Cache 控制器设计、时序发生器、微程序控制器、系统总线等 9 个关键单元模块的实验原理和实验内容。第 6 章从简单模型机、硬布线控制器模型机和复杂模型机三个方面介绍了模型计算机的设计思路和设计过程。第 7 章进一步加深拓展对模型计算机的认识,分别介绍了带中断处理能力和带 DMA 控制功能的模型机的综合设计思想和过程。第 8~9 章从精简指令计算机和基于流水技术处理机等方面讨论了计算机的系统结构。

本书可作为高等学校计算机科学与技术等相关专业开设计算机组成原理实验课程的教材,也可供从事该领域工作的相关人员自学参考。

本书由樊莉、毕经存、杨卫军等同志编写,其中樊莉负责编写第 1~5 章,毕经存负责编写第 6,7 章,杨卫军负责编写第 8,9 章和附录。王淑平高级实验师审核,樊莉统稿,杨卫军校对。在编写过程中,基础实验中心罗积军主任、专业基础实验中心刘延飞副主任、毛端海高级实验师、许剑锋实验师、方秦讲师、王玲实验师给予了大力支持,提出了许多指导性意见,为本书的编写提供了很多帮助,在此一并表示感谢。

由于时间仓促及水平有限,书中难免有错误和不足之处,恳请广大读者批评指正。

编　者

2011 年 8 月

目　　录

第1章 实验系统概述

"TD-CMA 计算机组成原理与系统结构教学实验系统"是西安唐都教学仪器公司推出的一套高效的、开放性的教学实验系统,该系统可以通过对多种原理性计算机的设计、实现和调试,高效率地支持"计算机组成原理"和"计算机系统结构"等课程和开放性实验教学,为高校各个教学层次的计算机原理教学提供较好的方案。

1.1 系统功能及特点

1. 先进丰富的课程内容

使用实时动态图形调试实验方法,进行计算机组成原理的实验教学,比传统的实验设备增加了并行运算器、Cache 高速缓存、CPU 设计、外总线接口设计、中断、DMA 等实验内容,并可开展 CISC、RISC、重叠、流水等先进计算机系统结构的设计和实验研究。

2. 先进设计方法和开发工具

采用 VHDL 语言、ALTREA 公司最新 MAX Ⅱ 系列 CPLD 和先进设计开发工具 QUARTUS Ⅱ 来开展设计性的实验,具有更好的实用价值。

3. 先进的实时动态图形调试方式

系统为各计算机部件(运算器、存储器、控制器)分别提供了实时动态图形调试工具,使学生可以轻松了解复杂部件的内部结构和操作方法,并可实时跟踪部件的工作状态。在模型计算机整机调试的图形调试工具方面,系统除提供数据通路图、微程序流程图两种图形调试方式外,还增加了交互式微程序自动生成和当前微指令功能的模拟、系统调试过程的保存及回放等多种先进和实用的调试功能,这些图形调试方式及功能使得实验过程更为形象直观,具有优秀的示教效果。

4. 先进的运算器部件

运算器部件由一片 CPLD 来实现,内含算术、逻辑和移位 3 个运算部件,其中移位运算采用桶形移位器,各部件独立并行工作,体现了主流运算器设计思想。

5. Cache 控制器部件设计

提供 Cache 高速缓存控制器设计实验,可深刻理解高速缓存的基本原理和设计思想。

6. 开放的控制器部件设计

微程序控制器部件由微程序存储器、微命令寄存器、微地址寄存器、微命令译码器、编程电路等构成,其微指令格式和微指令定义可由用户自行设计确定,也可以使用 CPLD 构造组合逻辑控制器,实现计算机硬布线控制器的设计。

7. 先进的系统总线和总线接口设计

系统提供了先进的系统总线结构,与主流的 Intel X 86 微机具有相似的系统总线和总线接口设计。实验构建的模型计算机总线接口信号,除数据总线、地址总线外,其控制总线是需要根据计算机功能的要求来设计的,由此便可以开展关于计算机总线接口的设计实验。如:基本输入、输出功能的总线接口设计实验,具有中断控制功能和 DMA 控制功能的总线接口设计实验等。

8. 更为灵活、实用的时序发生电路和操作台设计

系统提供的时序发生器,其机器周期可以在 2 节拍和 4 节拍之间选择,这为实验教学提供了更大的灵活性;系统的本地操作控制台也是全新的设计,使得系统在独立使用时,操作起来更为合理、方便和实用。

9. 系统电路的保护性设计保证了系统的安全性

系统除了采用具有抗短路、抗过流的高性能稳压电源来保证产品的安全性外,还增加了总线竞争报警等多处保护性电路设计,可进一步保证系统的安全运行。

10. 系统电路检测功能和实验电路查错功能

系统提供了系统电路检测功能和实验电路查错功能,既可对系统电路进行维护性检测,又可对实验电路连线的正确与否进行检查,能够精确检查到用户的每一根实验电路连线。

1.2 系 统 构 成

1. TD-CMA 实验系统硬件内容(见表 1-2-1)

表 1-2-1 TD-CMA 系统硬件内容

MC 单元	微程序存储器,微命令寄存器,微地址寄存器,微命令译码器等
ALU&REG 单元	算术逻辑移位运算部件,A,B 显示灯,4 个通用寄存器
PC&AR 单元	程序计数器,地址寄存器
IR 单元	指令寄存器,指令译码逻辑,寄存器译码逻辑
CPU 内总线	CPU 内部数据排线座
控制总线	读写译码逻辑,CPU 中断使能寄存器,DMA 控制逻辑
数据总线	LED 显示灯,数据排线座
地址总线	LED 显示灯,地址译码电路,数据排线座
扩展总线	LED 显示灯,扩展总线排线座
IN 单元	8 位开关,LED 显示灯
OUT 单元	数码管,数码管显示译码电路
MEM 单元	SRAM6116
8259 单元	8259 一片
8237 单元	8237 一片
8253 单元	8253 一片
CON 单元	3 组 8 位开关,系统清零按钮

续 表

时序与操作台单元	时序发生电路,555 多谐振荡电路,单脉冲电路,本地主/控存编程、校验电路,本地机器调试及运行操作控制电路
SYS 单元	系统监视电路,总线竞争报警电路
逻辑测量单元	4 路逻辑示波器
扩展单元	LED 显示灯,扩展接线座
CPLD 扩展板	ALTREA MAXII EPM1270T144C5,下载电路,LED 显示灯

2. 系统硬件布局图

　　系统硬件的电路布局是按照计算机组成结构来设计的,如图 1 - 2 - 1 所示,最上面一部分是 SYS 单元,这个单元是非操作区,其余单元均为操作区,在 SYS 单元之上架有 CPLD 扩展板,逻辑测量单元位于 SYS 单元的左侧,时序与操作台单元位于 SYS 单元的右侧。所有构成 CPU 的单元放在中间区域的左边,并标注有"CPU",CPU 对外表现的是三总线,即控制总线、数据总线和地址总线,三总线并排位于 CPU 右侧。与三总线挂接的主存和各种 I/O 设备,都集中放在系统总线的右侧。在实验箱中上部对 CPU、系统总线、主存及外设分别有清晰的丝印标注,通过这 3 部分的模块可以方便地构造各种不同复杂程度的模型计算机。

　　当系统独立运行时,为了对微控器或是主存进行读写操作,在实验箱下方的 CON 单元中安排了一个开关组 SD07～SD00,专门用来给出主/控存的地址。在进行部件实验时,有很多的控制信号需要用二进制开关模拟给出,因此在实验箱的最下方安排的是控制开关单元 CON 单元。

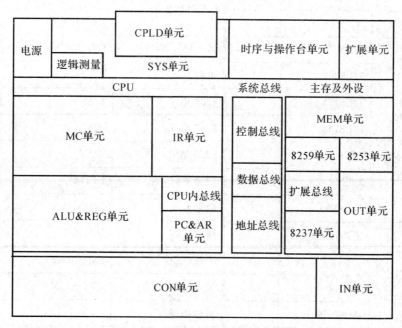

图 1 - 2 - 1　TD - CMA 系统布局图

1.3 TD-CMA 系统的配置与安装

1. 系统配置

TD-CMA 实验系统的主要元件配置情况见表 1-3-1。

表 1-3-1 TD-CMA 实验系统的主要元件配置

项 目	内 容	数 量	项 目	内 容	数 量
微程序控制器	2816	3	程序地址计数器	CPLD	1
	74LS245	5		74LS245	1
	74LS04	1	控制总线	74LS7	3
	74LS74	3		GAL16V8	1
	74LS273	2	IN 单元	拨动开关	8
	74LS175	1		74LS245	2
	74LS138	2	地址总线	74LS139	1
	GAL16V8	1		74LS245	1
	三挡开关	1	CON 单元	拨动开关	24
运算器	ALU	1		清零按钮	1
	74LS245	4	CPLD 扩展板	EPM1270T144C	1
SYS 单元	单片机	1		LED 灯	16
	MAX232	1	指令译码器	GAL20V8	1
	74LS245	5	寄存器译码器	GAL16V8	1
	74LS374	1	8259 单元	8259	1
	74LS138	2	8237 单元	8237	1
	74LS00	1	8253 单元	8253	1
	74LS04	1	扩展单元	LED 灯	8
	74LS32	1	数据总线	74LS245	1
时序单元	三挡开关	5	通信电缆	RS-232C	1
	555	1	下载电缆	ByteBlaster	1
	75LS00	1	机内电源	5V，±12V	1
	微动按钮	2	实验用排线		若干

续 表

项 目	内 容	数量	项 目	内 容	数量
OUT 单元	7 段数码管	2	程序存储器	74LS245	3
	74LS273	1		6116	1
	GAL16V8	2		74LS374	1
集成操作软件		1			

2. 系统的安装

（1）TD-CMA 系统与 PC 微机相连。用 RS-232C 通信电缆一根，按图 1-3-1 所示，将 PC 微机串口和 TD-CMA 系统中的串口连接在一起。本系统软件是通过 PC 机串行口向 TD-CMA 上的单片机控制单元发送指令，从而使用单片机直接对程序存储器、微程序控制器进行读写，并可实现单步微程序、单步机器指令和程序连续运行等操作。

系统与 PC 微机采用的通信协议规定如下：57600 bps，8 位数据位，1 位停止位，无校验位，通信电缆连接方式如图 1-3-1 所示。

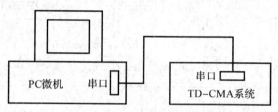

图 1-3-1 TD-CMA 系统与 PC 微机联机示意图

串行通信电缆的接线情况如图 1-3-2 所示。

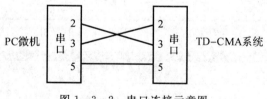

图 1-3-2 串口连接示意图

（2）TD-CMA 系统联机软件的安装。

软件运行环境：

操作系统：Windows 98/NT/2000/XP

最低配置：

CPU：奔腾 300MHz

内存：64MB

显示卡：标准 VGA，256 色显示模式以上

硬盘：20MB 以上

光驱：标准 CD-ROM

安装软件与运行：

可以通过"资源管理器"，找到光盘驱动器本软件安装目录下的"安装 CMA.EXE"，双击执行它，按屏幕提示进行安装操作。"TD-CMA"软件安装成功后，在"开始"的"程序"里将出现"CMA"程序组，点击"CMA"即可执行程序。

1.4 TD-CMA 集成软件操作说明

1.4.1 界面窗口介绍

TD-CMA 的主界面如图 1-4-1 所示，由指令区、输出区和图形区 3 部分组成。

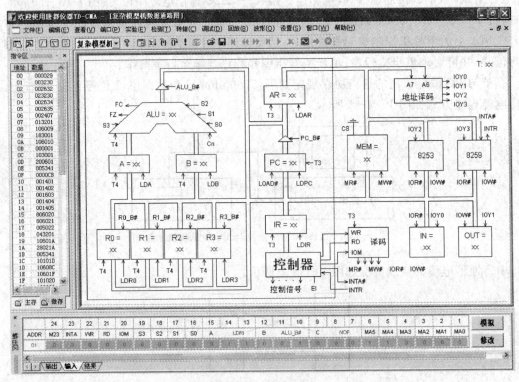

图 1-4-1 软件主界面

(1)指令区。指令区分为机器指令区和微指令区，指令区下方有两个 Tab 按钮，可通过按钮在两者之间切换。

1)机器指令区：分为两列，第一列为主存地址(00～FF，共 256 个单元)，第二列为每个地址所对应的数值。串口通信正常且串口无其他操作，可以直接修改指定单元的内容，用鼠标单击要修改单元的数据，此时单元格会变成一个编辑框，即可输入数据，编辑框只接收两位合法的 16 进制数，按回车键确认，或用鼠标点击别的区域，即可完成修改工作。按 ESC 键可取消修改，编辑框会自动消失，恢复显示原来的值，也可以通过上、下方向键移动编辑框。

2)微指令区：分为两列，第一列为微控器地址(00～3F，共 64 个单元)，第二列为每个地址所对应的微指令，共 6 字节。修改微指令操作和修改机器指令一样，只不过微指令是 6 位，而机器指令是 2 位。

（2）输出区。输出区由输出页、输入页和结果页组成。

1）输出页。在数据通路图打开，且该通路中用到微程序控制器，运行程序时，输出区用来实时显示当前正在执行的微指令和下条将要执行的微指令的 24 位微码及其微地址。当前正在执行微指令的显示可通过菜单命令"【设置】—【当前微指令】"进行开关。

2）输入页。可以对微指令进行按位输入及模拟，鼠标左键单击 ADDR 值，此时单元格会变成一个编辑框，即可输入微地址，输入完毕后按回车键，编辑框消失，后面的 24 位代表当前地址的 24 位微码，微码值用红色显示，鼠标左键单击微码值可使该值在 0 和 1 之间切换。在数据通路图打开时，按动"模拟"按钮，可以在数据通路中模拟该微指令的功能，按动"修改"按钮则可以将当前显示的微码值下载到下位机。

3）结果页。用来显示一些提示信息或错误信息，保存和装载程序时会在这一区域显示一些提示信息。当系统检测时，也会在这一区域显示检测状态和检测结果。

（3）图形区。可以在此区域编辑指令，显示各个实验的数据通路图、示波器界面等。

1.4.2　菜单功能介绍

1. 文件菜单项

文件菜单（见图 1-4-2）提供了以下命令：

（1）新建（N）。在 CMA 中建立一个新文档。在文件新建对话框中选择所要建立的新文件的类型。

（2）打开（O）。在一个新的窗口中打开一个现存的文档。可同时打开多个文档。可用窗口菜单在多个打开的文档中切换。

（3）关闭（C）。关闭包含活动文档的所有窗口。CMA 会建议在关闭文档之前保存对文档所做的改动。如果没有保存而关闭了一个文档，将会失去自从用户最后一次保存以来所做的所有改动。在关闭一无标题的文档之前，CMA 会显示另存为对话框，建议命名和保存文档。

（4）保存（S）。将活动文档保存到它的当前的文件名和目录下。当第一次保存文档时，CMA 显示另存为对话框以便命名文档。如果在保存之前，想改变当前文档的文件名和目录，可选用另存为命令。

（5）另存为（A）。保存并命名活动文档。CMA 会显示另存为对话框以便用户命名文档。

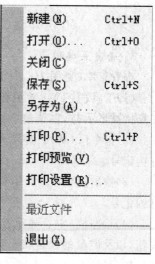

图 1-4-2　文件菜单项

（6）打印（P）。打印一个文档。在此命令提供的打印对话框中，可以指明要打印的页数范围、副本数、目标打印机，以及其他打印机设置选项。

（7）打印预览（V）。按要打印的格式显示活动文档。当选择此命令时，主窗口就会被一个打印预览窗口所取代。这个窗口可以按它们被打印时的格式显示一页或两页。打印预览工具栏提供选项使用户可选择一次查看一页或两页，在文档中前后移动、放大和缩小页面，以及开始一个打印作业。

(8)打印设置(R)。选择一台打印机和一个打印机连接。在此命令提供的打印设置对话框中,用户可以指定打印机及其连接。

(9)最近使用文件。用户可以通过此列表,直接打开最近打开过的文件,共 4 个。

(10)退出(X)。结束 CMA 的运行阶段。用户也可使用在应用程序控制菜单上的关闭命令。

2. 编辑菜单项

编辑菜单(见图 1-4-3)提供了以下命令:

(1)撤销(U)。撤销上一步编辑操作。

(2)剪切(T)。将当前被选取的数据从文档中删除并放置于剪贴板上。如果当前没有数据被选取,此命令则不可用。

(3)复制(C)。将被选取的数据复制到剪贴板上。如果当前无数据被选取时,此命令则不可用。

(4)粘贴(P)。将剪贴板上内容的一个副本插入到插入点处。如果剪贴板是空的,此命令则不可用。

图 1-4-3　编辑菜单项　　　　图 1-4-4　查看菜单

3. 查看菜单项

查看菜单(见图 1-4-4)提供了以下命令:

(1)工具栏(T)。显示和隐藏工具栏,工具栏包括了 CMA 中一些最普通命令的按钮。当工具栏被显示时,在菜单项目的旁边会出现一个打钩记号。

(2)指令区(W)。显示和隐藏指令区,当指令区被显示时,在菜单项目的旁边会出现一个打钩记号。

(3)输出区(O)。显示和隐藏输出区,当输出区被显示时,在菜单项目的旁边会出现一个打钩记号。

(4)状态栏(S)。显示和隐藏状态栏,状态栏描述了被选取的菜单项目或被按下的工具栏按钮,以及键盘的锁定状态将要执行的操作。当状态栏被显示时,在菜单项目的旁边会出现一个打钩记号。

4. 端口菜单项

端口菜单(见图 1-4-5)提供了以下命令:

(1)串口选择。选择通信端口,选择该命令时会弹出如图 1-4-6 所示对话框。该命令会自动检测当前系统可用的串口号,并列于组合框中,选择某一串口后,按确定键,对选定串口进行初始化操作,并进行联机测试,报告测试结果,如果联机成功,则会将

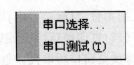

图 1-4-5　端口菜单项

指令区初始化。

（2）串口测试（T）。对当前选择的串口进行联机通信测试，并报告测试结果，只测一次，如果联机成功，则会将指令区初始化。如果串口不能正常初始化，此命令则不可用。

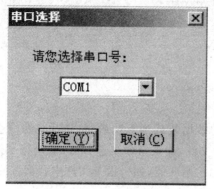

图 1-4-6　串口选择对话框　　　　　　图 1-4-7　实验菜单项

5. 实验菜单项

实验菜单（见图 1-4-7）提供了以下命令：

（1）运算器实验。打开运算器实验数据通路图，如果该通路图已经打开，则把通路激活并置于最前面显示。

（2）存储器实验。打开存储器实验数据通路图，如果该通路图已经打开，则把通路激活并置于最前面显示。

（3）微控器实验。打开微控器实验数据通路图，如果该通路图已经打开，则把通路激活并置于最前面显示。

（4）简单模型机。打开简单模型机数据通路图，如果该通路图已经打开，则把通路激活并置于最前面显示。

（5）复杂模型机。打开复杂模型机数据通路图，如果该通路图已经打开，则把通路激活并置于最前面显示。

（6）RISC 模型机。打开 RISC 模型机数据通路图，如果该通路图已经打开，则把通路激活并置于最前面显示。

（7）重叠模型机。打开重叠模型机数据通路图，如果该通路图已经打开，则把通路激活并置于最前面显示。

（8）流水模型机。打开流水模型机数据通路图，如果该通路图已经打开，则把通路激活并置于最前面显示。

6. 检测菜单项

检测菜单（见图 1-4-8）提供了以下命令：

（1）连线检测（C）。

1）简单模型机。对简单模型机的连线进行检测，并在"输出区"的"结果页"显示相关信息。

2）复杂模型机。对复杂模型机的连线进行检测，并在"输出区"的"结果页"显示相关信息。

（2）系统检测（T）。启动系统检测，可以进行部件或是整机检测。

（3）停止检测（S）。停止系统检测。

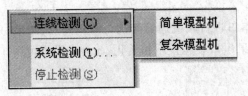 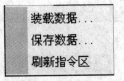

图1-4-8　检测菜单项　　　　　　　图1-4-9　转储菜单项

7. 转储菜单项

转储菜单(见图1-4-9)提供了以下命令:

(1)装载数据。将上位机指定文件中的数据装载到下位机中,选择该命令会弹出打开文件对话框。可以打开任意路径下的 *.TXT 文件,如果指令文件合法,系统将把这些指令装载到下位机中,装载指令时,系统提供了一定的检错功能,如果指令文件中有错误的指令,将会导致系统退出装载,并提示错误的指令行。

指令文件中指令书写格式如下:

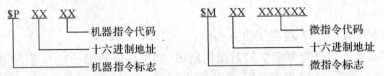

例如机器指令 $P00FF,"$"为标记号,"P"代表机器指令,"00"为机器指令的地址,"FF"为该地址中的数据。微指令 $M00AA77FF,"$"为标记号,"M"代表微指令,"00"为机器指令的地址,"AA77FF"为该地址中的数据。

(2)保存数据。将下位机中(主存,微控器)的数据保存到上位机中,选择该命令会弹出一个保存数据对话框,如图 1-4-10 所示。

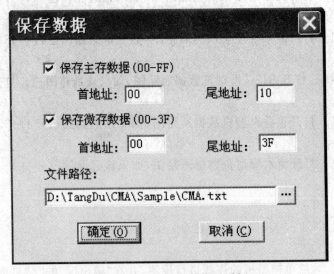

图1-4-10　保存数据对话框

可以选择保存机器指令,此时首尾地址输入框将会变亮,否则首尾地址输入框将会变灰,在允许输入的情况下用户可以指定需要保存的首尾地址,微指令也是如此,数据到保存指定路

径的 ＊．TXT 格式文件中。

（3）刷新指令区。从下位机读取所有机器指令和微指令，并在指令区显示。

8．调试菜单项

调试菜单（见图 1-4-11）提供了以下命令：

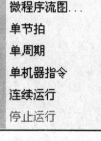

（1）微程序流图。当微控器实验、简单模型机和综合性实验中任
一数据通路图打开时，可用此命令来打开指定的微程序流程图，选择
该命令会弹出打开文件对话框。

（2）单节拍。向下位机发送单节拍命令，下位机完成一个节拍的
工作。

（3）单周期。向下位机发送单周期命令，下位机完成一个机器周
期的工作。

（4）单机器指令。向下位机发送单机器指令命令，下位机运行一　图 1-4-11　调试菜单项
条机器指令。

（5）连续运行。向下位机发送连续运行命令，下位机将会进入连续运行状态。

（6）停止运行。如果下位机处于连续运行状态，此命令可以使得下位机停止运行。

9．回放菜单项

回放菜单（见图 1-4-12）提供了以下命令：

（1）打开。打开现存的数据文件。

（2）保存。保存当前的数据到数据文件。

（3）首端。跳转到首页。

（4）向前。向前翻一页。

（5）向后。向后翻一页。

（6）末端。跳转到末页。

（7）播放。连续向后翻页。

（8）停止播放。停止连续向后翻页。

10．波形菜单项

波形菜单（见图 1-4-13）提供了以下命令：　　　　　　　　　　　　图 1-4-12　回放菜单项

（1）打开（O）。打开示波器窗口。

（2）运行（R）。启动示波器，如果下位机正运行程序则不启动。

（3）停止（S）。停止处于启动状态的示波器。

图 1-4-13　波形菜单项　　　　图 1-4-14　设置菜单项

11．设置菜单项

设置菜单（见图 1-4-14）提供了以下命令：

（1）流动速度（L）。设置数据通路图中数据的流动速度，选择该命令会弹出一个流动速度设置对话框,如图1-4-15所示。拖动滑动块至适当位置,点击"确定"按钮即可完成设置。

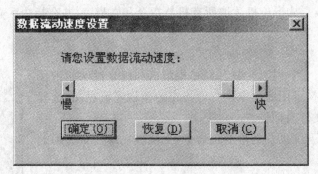

图1-4-15 流动速度设置对话框

(2) 系统颜色(C)。设置数据通路图、微程序流程图和示波器的显示颜色,选择该命令会弹出一个系统颜色设置对话框,如图1-4-16所示。

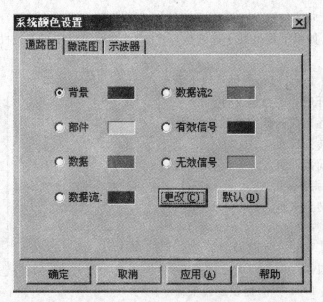

图1-4-16 系统颜色设置对话框

该对话框分为3页,分别为通路图、微流图和示波器,按动每页的TAB按钮,可在3页之间切换。选择某项要设置的对象,然后按下"更改"按钮,或直接用鼠标左键点击要设置对象的颜色框,可弹出颜色选择对话框,选定好颜色后,点击"应用"按钮则相应对象的颜色就会被修改掉。

(3) 当前微指令。设置"输出区"的"输出页"是否显示当前微指令,当前微指令用灰色显示,并在地址栏标记为"C",下条将要执行的微指令标记为"N"。

12. 窗口菜单项

窗口菜单(见图1-4-17)提供了以下命令,使用户能在应用程序窗口中安排多个文档的多个视图。

(1) 新建窗口(N)。打开一个具有与活动的窗口相同内容的新窗口。用户可同时打开数个文档窗口以显示文档的不同部分或视图。如果用户对一个窗口的内容做了改动,所有其他包含同一文档的窗口也会反映出这些改动。当用户打开一个新的窗口时,这个新窗口就成了活动的窗口并显示于所有其他打开窗口之上。

（2）层叠（C）。按相互重叠形式来安排多个打开的窗口。

（3）平铺（T）。按互不重叠形式来安排多个打开的窗口。

（4）排列图标（A）。在主窗口的底部安排被最小化的窗口的图标。如果在主窗口的底部有一个打开的窗口,则有可能会看不见某些或全部图标,因为它们在这个文档窗口的下面。

（5）窗口选择。CMA 在窗口菜单的底部显示出当前打开的文档窗口的清单。有一个打勾记号出现在活动的窗口的文档名前。从该清单中挑选一个文档可使其窗口成为活动窗口。

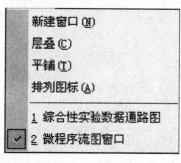

图 1-4-17　窗口菜单项

图 1-4-18　帮助菜单项

13. 帮助菜单项

帮助菜单（见图 1-4-18）提供了以下命令,为用户提供使用这个应用程序的帮助。

（1）关于（A）CMA。显示用户的 CMA 版本的版权通告和版本号码。

（2）实验帮助（E）。显示实验帮助的开场屏幕。从此开场屏幕,用户可跳到关于 CMA 所提供实验的参考资料。

（3）软件帮助（S）。显示软件帮助的开场屏幕。从此开场屏幕,用户可跳到关于使用 CMA 设备的参考资料。

1.4.3　工具栏命令按钮介绍

　　显示或隐藏指令区。

　　显示或隐藏输出区。

　　保存下位机数据。

　　向下位机装载数据。

　　刷新指令区数据。

　　打开实验帮助。

　　打开微程序流程图。

单节拍运行。

单周期运行。

单机器指令运行。

连续运行。

停止运行。

打开实验数据文件。

保存实验数据。

跳转到首页。

向前翻页。

向后翻页。

跳转到末页。

连续向后翻页。

停止向后翻页。

打开示波器窗口。

启动示波器。

停止示波器。

1.5 实验系统时序单元

时序单元可以提供单脉冲或连续的时钟信号:KK 和 Φ。其中的 Q 为 555 构成的多谐振荡器的输出,其原理如图 1-5-1 所示,经分频器分频后输出频率大约为 3 Hz,30 Hz,300 Hz,占空比为 50% 的 Φ 信号。

每按动一次 KK 按钮,在 KK＋和 KK－端将分别输出一个上升沿和下降沿单脉冲。其原理如图 1-5-2 所示。

每按动一次 ST 按钮,根据时序开关挡位的不同,在 TS1,TS2,TS3,TS4 端输出不同的波形。当开关处于"连续"挡时,TS1,TS2,TS3,TS4 输出的是如图 1-5-3 所示的连续时序。开关处于"单步"挡时,TS1,TS2,TS3,TS4 只输出一个 CPU 周期的波形,如图 1-5-4 所示。开关处于"单拍"挡时,TS1,TS2,TS3,TS4 交替出现,如图 1-5-5 所示。

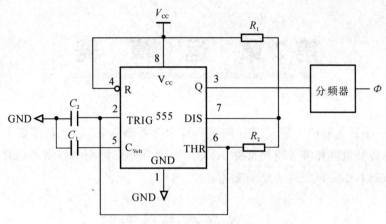

图 1-5-1　555 多谐振荡器原理图

当 TS1,TS2,TS3,TS4 输出连续波形时,有 4 种方法可以停止输出:将时序状态开关
KK1 拨至停止挡、将 KK2 打到"单拍"或"单步"挡、按动 CON 单元的 CLR 按钮或是系统单元
的复位按钮。CON 单元的 CLR 按钮和 SYS 单元的复位按钮的区别是,CLR 按钮完成对各实
验单元清零,复位按钮完成对系统及时序发生器复位。

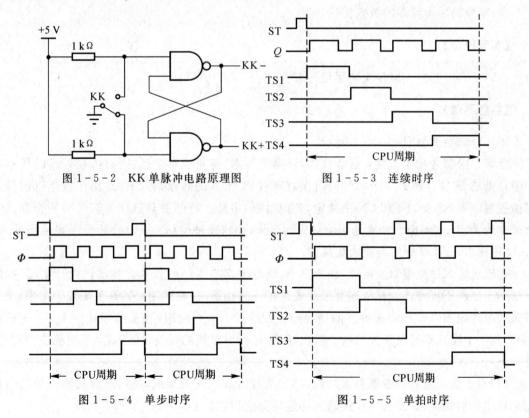

图 1-5-2　KK 单脉冲电路原理图　　　图 1-5-3　连续时序

图 1-5-4　单步时序　　　图 1-5-5　单拍时序

第2章 运 算 器

　　计算机的一个最主要的功能就是处理各种算术和逻辑运算,这个功能要由 CPU 中的运算器来完成,运算器也称作算术逻辑部件 ALU。本章首先安排一个基本的运算器实验,了解运算器的基本结构,然后再设计一个加法器。

2.1　基本运算器实验

【实验目的】

(1)了解运算器的组成结构。

(2)掌握运算器的工作原理。

(3)掌握简单运算器的数据传送通路。

【实验设备】

PC 机一台,TD-CMA 实验系统一套。

【实验原理】

　　本实验的原理如图 2-1-1 所示。

　　运算器内部含有 3 个独立运算部件,分别为算术、逻辑和移位运算部件,要处理的数据存于暂存器 A 和暂存器 B,3 个部件同时接收来自 A 和 B 的数据,各部件对操作数进行何种运算由控制信号 S3,…,S0 和 CN 来决定,任何时候,多路选择开关只选择 3 部件中一个部件的结果作为 ALU 的输出。如果是影响进位的运算,还将置进位标志 FC,在运算结果输出前,置 ALU 零标志。ALU 中所有模块集成在一片 CPLD 中。

　　逻辑运算部件由逻辑门构成,较为简单,而后面又有专门的算术运算部件设计实验,在此对这两个部件不再赘述。移位运算采用的是桶形移位器,一般采用交叉开关矩阵来实现,交叉开关的原理如图 2-1-2 所示。图中显示的是一个 4×4 的矩阵(系统中是一个 8×8 的矩阵)。每一个输入都通过开关与一个输出相连,把沿对角线的开关导通,就可实现移位功能,具体如下:

　　(1)对于逻辑左移或逻辑右移功能,将一条对角线的开关导通,这将所有的输入位与所使用的输出分别相连,而没有同任何输入相连的则输出连接 0。

　　(2)对于循环右移功能,右移对角线同互补的左移对角线一起激活。例如,在 4 位矩阵中使用"右 1"和"左 3"对角线来实现右循环 1 位。

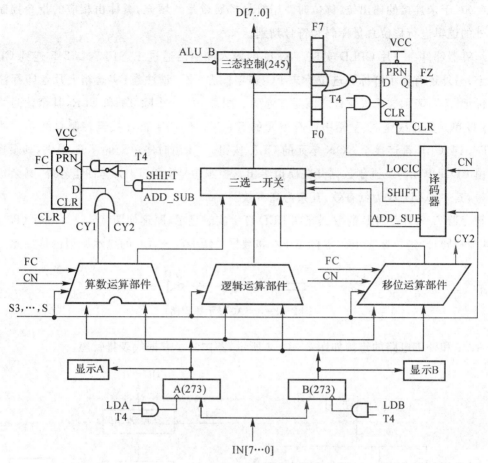

图 2-1-1 运算器原理图

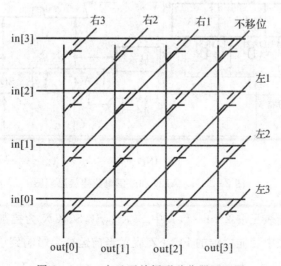

图 2-1-2 交叉开关桶形移位器原理图

(3)对于未连接的输出位,移位时使用符号扩展或是 0 填充,具体由相应的指令控制。使用另外的逻辑进行移位总量译码和符号判别。

运算器部件由一片 CPLD 实现。ALU 的输入和输出通过三态门 74LS245 连到 CPU 内总线上,另外还有指示灯标明进位标志 FC 和零标志 FZ。请注意:实验箱上凡丝印标注有马蹄形标记"⎵",表示这两根排针之间是连通的。图 2-1-1 中除 T4 和 CLR,其余信号均来自于 ALU 单元的排线座,实验箱中所有单元的 T1,T2,T3,T4 都连接至控制总线单元的 T1,T2,T3,T4,CLR 都连接至 CON 单元的 CLR 按钮。T4 由时序单元的 TS4 提供,其余控制信号均由 CON 单元的二进制数据开关模拟给出。控制信号中除 T4 为脉冲信号外,其余均为电平信号,其中 ALU_B 为低有效,其余为高有效。

暂存器 A 和暂存器 B 的数据能在 LED 灯上实时显示,原理如图 2-1-3 所示(以 A0 为例,其他相同)。进位标志 FC、零标志 FZ 和数据总线 D7,…,D0 的显示原理也是如此。

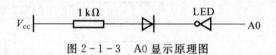

图 2-1-3　A0 显示原理图

ALU 和外围电路的连接如图 2-1-4 所示,图中的小方框代表排针座。

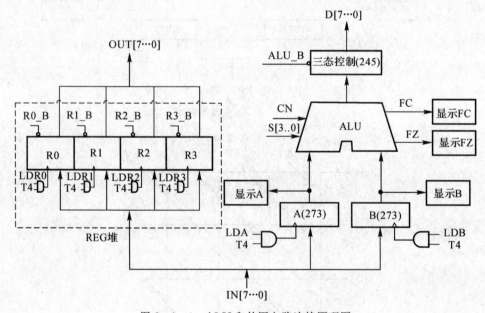

图 2-1-4　ALU 和外围电路连接原理图

运算器的逻辑功能表见表 2-1-1,其中 S3,S2,S1,S0,CN 为控制信号,FC 为进位标志,FZ 为运算器零标志,表中功能栏内的 FC,FZ 表示当前运算会影响到该标志。

表 2 - 1 - 1 运算器逻辑功能表

运算类型	S3 S2 S1 S0	CN	功　能	
逻辑运算	0000	X	$F=A$(直通)	
	0001	X	$F=B$(直通)	
	0010	X	$F=AB$	(FZ)
	0011	X	$F=A+B$	(FZ)
	0100	X	$F=/A$	(FZ)
移位运算	0101	X	$F=A$ 不带进位循环右移 B(取低 3 位)位	(FZ)
	0110	0	$F=A$ 逻辑右移一位	(FZ)
		1	$F=A$ 带进位循环右移一位	(FC,FZ)
	0111	0	$F=A$ 逻辑左移一位	(FZ)
		1	$F=A$ 带进位循环左移一位	(FC,FZ)
算术运算	1000	X	置 FC=CN	(FC)
	1001	X	$F=A$ 加 B	(FC,FZ)
	1010	X	$F=A$ 加 B 加 FC	(FC,FZ)
	1011	X	$F=A$ 减 B	(FC,FZ)
	1100	X	$F=A$ 减 1	(FC,FZ)
	1101	X	$F=A$ 加 1	(FC,FZ)
	1110	X	(保留)	
	1111	X	(保留)	

* 表中"X"为任意态,下同。

【实验步骤】

(1)按图 2 - 1 - 5 所示连接实验电路,并检查无误。图中将用户需要连接的信号用圆圈标明(其他实验相同)。

(2)将时序与操作台单元的开关 KK2 置为"单拍"挡,开关 KK1,KK3 置为"运行"挡。

(3)打开电源开关,如果听到有"嘀"报警声,说明有总线竞争现象,应立即关闭电源,重新检查接线,直到错误排除。然后按动 CON 单元的 CLR 按钮,将运算器的 A,B 和 FC,FZ 清零。

(4)用输入开关向暂存器 A 置数。

1) 拨动 CON 单元的 SD27,…,SD20 数据开关,形成二进制数 01100101(或其他数值),数据显示亮为"1",灭为"0"。

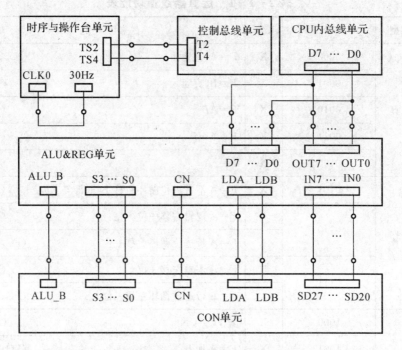

图 2-1-5 实验接线图

2) 置 LDA＝1,LDB＝0,连续按动时序单元的 ST 按钮,产生一个 T4 上沿,则将二进制数 01100101 置入暂存器 A 中,暂存器 A 的值通过 ALU 单元的 A7,…,A0 8 位 LED 灯显示。

（5）用输入开关向暂存器 B 置数。

1) 拨动 CON 单元的 SD27,…,SD20 数据开关,形成二进制数 10100111（或其他数值）。

2) 置 LDA＝0,LDB＝1,连续按动时序单元的 ST 按钮,产生一个 T4 上沿,则将二进制数 10100111 置入暂存器 B 中,暂存器 B 的值通过 ALU 单元的 B7,…,B0 8 位 LED 灯显示。

（6）改变运算器的功能设置,观察运算器的输出。

置 ALU_B＝0,LDA＝0,LDB＝0,然后按表 2-1-1 置 S3,S2,S1,S0 和 CN 的数值,并观察数据总线 LED 显示灯显示的结果。如置 S3,S2,S1,S0 为 0010,运算器作逻辑与运算,置 S3,S2,S1,S0 为 1001,运算器作加法运算。如果实验箱和 PC 联机操作,则可通过软件中的数据通路图来观测实验结果,其方法:打开软件,选择联机软件的"【实验】—【运算器实验】",打开运算器实验的数据通路图,如图 2-1-6 所示。进行上面的手动操作,每按动一次 ST 按钮,数据通路图会有数据的流动,反映当前运算器所做的操作,或在软件中选择"【调试】—【单节拍】",其作用相当于将时序单元的状态开关 KK2 置为"单拍"挡后按动了一次 ST 按钮,数据通路图也会反映当前运算器所做的操作。

重复上述操作,并完成表 2-1-2。然后改变 A,B 的值,验证 FC,FZ 的锁存功能。

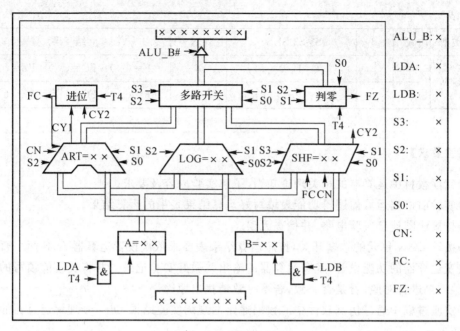

图 2-1-6 数据通路图

表 2-1-2 运算结果表

运算类型	A	B	S3 S2 S1 S0	CN	结 果
	65	A7	0 0 0 0	X	F＝(65) FC＝( ) FZ＝( )
	65	A7	0 0 0 1	X	F＝(A7) FC＝( ) FZ＝( )
逻辑运算			0 0 1 0	X	F＝( ) FC＝( ) FZ＝( )
			0 0 1 1	X	F＝( ) FC＝( ) FZ＝( )
			0 1 0 0	X	F＝( ) FC＝( ) FZ＝( )
			0 1 0 1	X	F＝( ) FC＝( ) FZ＝( )
移位运算			0 1 1 0	0	F＝( ) FC＝( ) FZ＝( )
				1	F＝( ) FC＝( ) FZ＝( )
			0 1 1 1	0	F＝( ) FC＝( ) FZ＝( )
				1	F＝( ) FC＝( ) FZ＝( )
算术运算			1 0 0 0	X	F＝( ) FC＝( ) FZ＝( )
			1 0 0 1	X	F＝( ) FC＝( ) FZ＝( )
			1 0 1 0(FC＝0)	X	F＝( ) FC＝( ) FZ＝( )
			1 0 1 0(FC＝1)	X	F＝( ) FC＝( ) FZ＝( )
			1 0 1 1	X	F＝( ) FC＝( ) FZ＝( )

续表

运算类型	A	B	S3 S2 S1 S0	CN	结 果
算术运算			1 1 0 0	X	F=（ ） FC=（ ） FZ=（ ）
			1 1 0 1	X	F=（ ） FC=（ ） FZ=（ ）

【实验要求】

（1）阅读教材中运算器的相关理论知识，了解实验内容及要求。

（2）实验前根据运算器逻辑功能表填写好运算结果表中的运算结果。

（3）按接线图连接实验电路，并检查无误。

（4）拨动 CON 单元的数据开关，按照运算结果表要求依次设置运算器 A,B 两个暂存器的数据，改变运算器的功能设置，观察运算器的输出并做好实验记录。并将实验前填写的运算结果与实验结果进行对照，看是否一致，若不一致请找出原因。

（5）实验过程中通过仿真软件中的数据通路图观测实验结果，进一步理解运算器的运算过程和控制方法。

（6）完成实验报告和实验题目，谈谈实验体会。

【思考题】

（1）分别说明实验中使用到的操作控制信号和时序控制信号有哪些？每个操作控制信号的作用是什么？能够一次实现 R1+R2→R1 的运算操作吗？为什么？

（2）运算器 A,B 两个暂存器的数据可以由哪些部件提供？每种提供数据的操作方法是什么？

（3）实验中的数据通路有哪些？

2.2 超前进位加法器设计实验

【实验目的】

（1）掌握超前进位加法器的原理及其设计方法。

（2）熟悉 CPLD 应用设计及 EDA 软件的使用。

【实验设备】

PC 机一台,TD-CMA 实验系统一套。

【实验原理】

加法器是执行二进制加法运算的逻辑部件，也是 CPU 运算器的基本逻辑部件（减法可以通过补码相加来实现）。加法器又分为半加器和全加器（FA），不考虑低位的进位，只考虑两个二进制数相加，得到和，以及向高位进位的加法器为半加器，而全加器是在半加器的基础上又考虑了低位过来的进位信号。

A,B 为 2 个 1 位的加数,C_i 为来自低位的进位,S 为和,C_0 为向高位的进位,根据表 2-2-1 所示的真值表,可得到全加器的逻辑表达式为

$$S = A\overline{BC_i} + \overline{AB}\,\overline{C_i} + \overline{A}BC_i + ABC_i$$

$$C_0 = AB + AC_i + BC_i$$

表 2-2-1　1 位全加器真值表

输 入			输 出	
A	B	C_i	S	C_0
0	0	0	0	0
0	0	1	1	0
0	1	0	1	0
0	1	1	0	1
1	0	0	1	0
1	0	1	0	1
1	1	0	0	1
1	1	1	1	1

根据逻辑表达式,可得到如图 2-2-1 所示的逻辑电路图。

有了 1 位全加器,就可以用它来构造多位加法器,加法器根据电路结构的不同,可以分为串行加法器和并行加法器两种。串行加法器低位全加器产生的进位要依次串行地向高位进位,其电路简单,占用资源较少,但是串行加法器每位和以及向高位的进位的产生都依赖于低位的进位,导致完成加法运算的延迟时间较长,效率并不高。

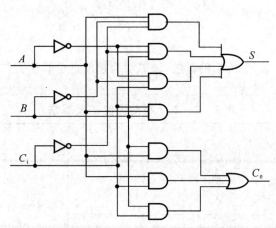

图 2-2-1　1 位全加器(FA)逻辑电路图

串行加法器运算速度慢,其根本原因是每一位的结果都要依赖于低位的进位,因而可以通过并行进位的方式来提高效率。只要能设计出专门的电路,使得每一位的进位能够并行地产生而与低位的运算情况无关,就能解决这个问题。可以对加法器进位的逻辑表达式做进一步的推导:

$$C_0 = 0$$
$$C_{i+1} = A_i B_i + A_i C_i + B_i C_i = A_i B_i + (A_i + B_i) C_i$$

设

$$g_i = A_i B_i$$
$$p_i = A_i + B_i$$

则有

$$C_{i+1} = g_i + p_i C_i =$$
$$g_i + p_i(g_{i-1} + p_{i-1} C_{i-1}) =$$
$$g_i + p_i(g_{i-1} + p_{i-1}(g_{i-2} + p_{i-2} C_{i-2})) \cdots =$$
$$g_i + p_i(g_{i-1} + p_{i-1}(g_{i-2} + p_{i-2}(\cdots(g_0 + p_0 C_0)\cdots))) =$$
$$g_i + p_i g_{i-1} + p_i p_{i-1} g_{i-2} + \cdots + p_i p_{i-1} \cdots p_1 g_0 + p_i p_{i-1} \cdots p_1 p_0 C_0$$

由于 g_i，p_i 只和 A_i，B_i 有关，这样 C_{i+1} 就只和 A_i，A_{i-1}，$\cdots$，A_0，B_i，B_{i-1}，$\cdots$，B_0 及 C_0 有关，所以各位的进位 C_i，C_{i-1}，$\cdots$，C_1 就可以并行地产生，这种进位就叫超前进位。

根据上面的推导，随着加法器位数的增加，越是高位的进位逻辑电路就会越复杂，逻辑器件使用得也就越多。事实上可以继续推导进位的逻辑表达式，使得某些基本逻辑单元能够复用，且能照顾到进位的并行产生。

定义

$$C_{i,j} = g_i + p_i g_{i-i} + p_i p_{i-1} g_{i-2} + \cdots + p_i p_{i-1} \cdots p_j + p_{j+1} g_j$$
$$p_{i,j} = p_i p_{i-1} \cdots p_{j+1} p_j$$

则有

$$G_{i,i} = g_i$$
$$P_{i,i} = P_i$$
$$G_{i,j} = G_{i,k} + P_{i,k} G_{k-1,j}$$
$$P_{i,j} = P_{i,k} P_{i,k} P_{k-i,j}$$
$$C_{i+1} = G_{i,j} + p_{i,j} C_j$$

从而可以得到表 2-2-2 所示的算法，该算法为超前进位算法的扩展算法，这里实现的是一个 8 位加法器的算法。

表 2-2-2　超前进位扩展算法

$G_{1,0} = g_1 + p_1 g_0$ $P_{1,0} = p_1 p_0$	$G_{3,0} = G_{3,2} + P_{3,2} G_{1,0}$ $P_{3,0} = P_{3,2} P_{1,0}$	
$G_{3,2} = g_3 + p_3 g_2$ $P_{3,2} = p_3 p_2$		$G_{7,0} = G_{7,4} + P_{7,4} G_{3,0}$ $P_{7,0} = P_{7,4} P_{3,0}$
$G_{5,4} = g_5 + p_5 g_4$ $P_{5,4} = p_5 p_4$	$G_{7,4} = G_{7,6} + P_{7,6} G_{5,4}$ $P_{7,4} = P_{7,6} P_{5,4}$	
$G_{7,6} = g_7 + p_7 g_6$ $P_{7,6} = p_7 p_6$		
$C_8 = G_{7,0} + P_{7,0} C_0$		

从表 2-2-2 可以看出,本算法的核心思想是把 8 位加法器分成两个 4 位加法器,先求出低 4 位加法器的各个进位,特别是向高 4 位加法器的进位 C_4。然后,高 4 位加法器把 C_4 作为初始进位,使用低 4 位加法器相同的方法来完成计算。每一个 4 位加法器在计算时,又分成了两个 2 位的加法器。如此递归,如图 2-2-2 所示。

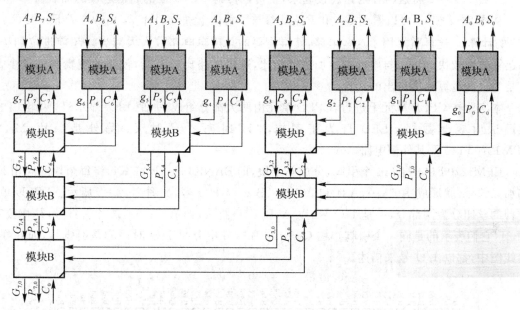

图 2-2-2　超前进位扩展算法示意图

这样,在超前进位扩展算法的逻辑电路实现中,需要设计两种电路。模块 A 逻辑电路需要完成如下计算逻辑,其原理图如图 2-2-3 所示。

$$G_{i,i} = A_i B_i$$
$$P_i = A_i + B_i$$
$$S_i = A\,\overline{BC_i} + \overline{AB}\,\overline{C_i} + \overline{AB}C_i + ABC_i$$

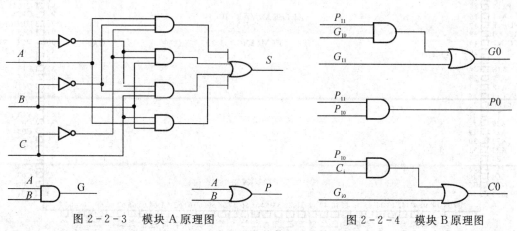

图 2-2-3　模块 A 原理图　　　　　图 2-2-4　模块 B 原理图

模块 B 逻辑电路需要完成如下计算逻辑,其原理图如图 2-2-4 所示。

$$G_{i,j} = G_{i,k} + P_{i,k}G_{k-1,j}$$
$$P_{i,j} = P_{i,k}P_{k-1,j}$$
$$C_{i+1} = G_{i,j} + P_{i,j}C_j$$

按图 2-2-2 将这两种电路连接起来，就可以得到一个 8 位的超前进位的加法器。

从图 2-2-2 中可以看到 $G_{i,i}$ 和 $P_{i,i}$ 既参与了每位上进位的计算，又参与了下一级 $G_{i,i}$ 和 $P_{i,i}$ 的计算。这样就复用了这些电路，使得需要的总逻辑电路数大大减少。超前进位加法器的运算速度较快，但是，与串行进位加法器相比，逻辑电路比较复杂，使用的逻辑器件较多，这些是为提高运算速度付出的代价。

本实验在 CPLD 单元上进行，CPLD 单元由两大部分组成，一是 LED 显示灯，两组 16 只，供调试时观测数据。LED 灯为正逻辑，"1"时亮，"0"时灭。另外是一片 MAXII EPM1270T144 及其外围电路。

EPM1270T144 有 144 个引脚，分成 4 个块，即 BANK1，…，BANK4，将每个块的通用 I/O 脚加以编号，就形成 A01，…，A24 和 B01，…，B30 等 I/O 号，如图 2-2-5 所示。CPLD 单元排针的丝印分为两部分，一是 I/O 号，以 A，B，C，D 打头，如 A15；一是芯片引脚号，是纯数字，如 21，它们表示的是同一个引脚。在 Quartus II 软件中分配 I/O 时用的是引脚号，而在实验接线图中，都以 I/O 号来描述。

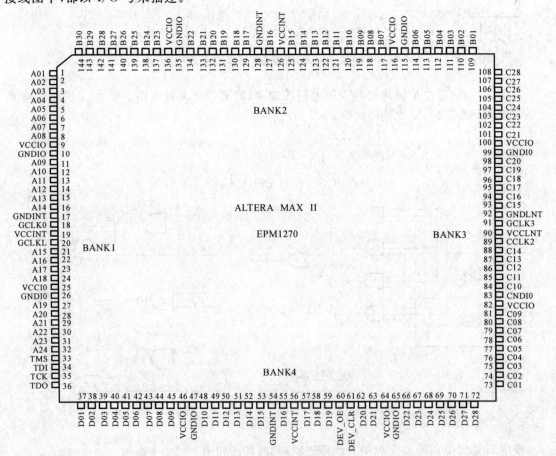

图 2-2-5 EPM1270 引脚分配图

EPM1270T144 共有 116 个 I/O 脚,本单元引出 110 个,其中 60 个以排针形式引出,供实验使用,其余 50 个以双列扩展插座形式给出,并标记为 JP,JP 座的 I/O 分配如图 2-2-6 所示。

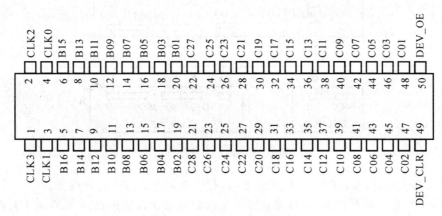

图 2-2-6　JP 座 I/O 分配图

【实验内容及步骤】

(1)根据上述加法器的逻辑原理,使用 Quartus Ⅱ软件编辑相应的电路原理图并进行编译,其在 EPM1270 芯片中对应的引脚如图 2-2-7 所示,框外文字表示 I/O 号,框内文字表示该引脚的含义(本实验例程见"安装路径\Cpld\Adder\Adder.qpf"工程)。

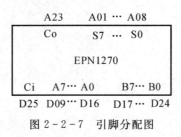

图 2-2-7　引脚分配图

(2)关闭实验系统电源,按图 2-2-8 所示连接实验电路,图中将用户需要连接的信号用圆圈标明。

(3)打开实验系统电源,将生成的 POF 文件下载到 EPM1270 中去。

(4)以 CON 单元中的 SD17,…,SD10 8 个二进制开关为被加数 A,SD07,…,SD00 8 个二进制开关为加数 B,K7 用来模拟来自低位的进位信号,相加的结果在 CPLD 单元的 L7,…,L0 8 个 LED 灯显示,相加后向高位的进位用 CPLD 单元 L8 灯显示。给 A 和 B 置不同的数,观察相加的结果。

【实验要求】

(1)阅读教材中超前进位运算器的相关理论知识,了解实验内容及要求。

(2)查找相关 CPLD 资料,了解 Quartus Ⅱ软件的用法,认真学习超前进位运算器的原理图,学会原理图的编译方法和下载。

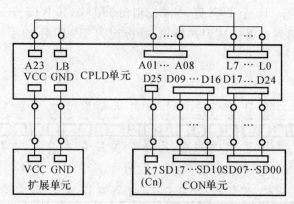

图 2 - 2 - 8　实验接线图

（3）按照实验步骤，按接线图连接实验电路，并检查无误后方可打开电源。

（4）拨 CON 单元的数据开关，按照运算结果表要求依次设置运算器 A,B 两个暂存器的数据，观察 CPLD 单元对应的 LED 灯显示并做好实验记录。

（5）完成实验报告和实验题目，谈谈实验体会。

第 3 章 存 储 系 统

存储器是计算机各种信息存储与交换的中心。在程序执行过程中,所要执行的指令是从存储器中获取的,运算器所需要的操作数是通过程序中的访问存储器指令从存储器中得到的,运算结果在程序执行完之前又必须全部写到存储器中,各种输入、输出设备也直接与存储器交换数据。把程序和数据存储在存储器中,是冯·诺依曼型计算机的基本特征,也是计算机能够自动、连续快速工作的基础。

本章安排了两个实验:静态随机存储器实验及 Cache 控制器设计实验。

3.1 静态随机存储器实验

【实验目的】

掌握静态随机存储器 RAM 工作特性及数据的读写方法。

【实验设备】

PC 机一台,TD-CMA 实验系统一套。

【实验原理】

实验所用的静态存储器由一片 6116(2K×8b)构成(位于 MEM 单元),如图 3-1-1 所示。6116 有 3 个控制线:CS(片选线)、OE(读线)、WE(写线),其功能见表 3-1-1,当片选有效(CS=0)时,OE=0 进行读操作,WE=0 进行写操作,本实验将 CS 常接地。

图 3-1-1 RAM6116 引脚

由于存储器(MEM)最终是要挂接到 CPU 上的,所以它还需要一个读写控制逻辑,以使得 CPU 能控制 MEM 的读写,实验中的读写控制逻辑如图 3-1-2 所示,由于 T3 的参与,可以保证 MEM 的写脉宽与 T3 一致,T3 由时序单元的 TS3 给出。IOM 用来选择是对 I/O 还是对 MEM 进行读写操作,RD=1 时为读,WR=1 时为写。

表 3-1-1　SRAM 6116 功能表

$\overline{\text{CS}}$	$\overline{\text{WE}}$	$\overline{\text{OE}}$	功　能
1	×	×	不选择
0	1	0	读
0	0	1	写
0	0	0	写

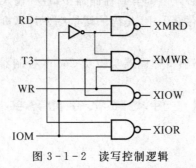

图 3-1-2　读写控制逻辑

实验原理图如图 3-1-3 所示,存储器数据线接至数据总线,数据总线上接有 8 个 LED 灯显示 D7,…,D0 的内容。地址线接至地址总线,地址总线上接有 8 个 LED 灯显示 A7,…,A0 的内容,地址由地址锁存器(74LS273,位于 PC&AR 单元)给出。数据开关(位于 IN 单元)经一个三态门(74LS245)连至数据总线,分时给出地址和数据。地址寄存器为 8 位,接入 6116 的地址 A7,…,A0,6116 的高三位地址 A10,…,A8 接地,因此其实际容量为 256 B。

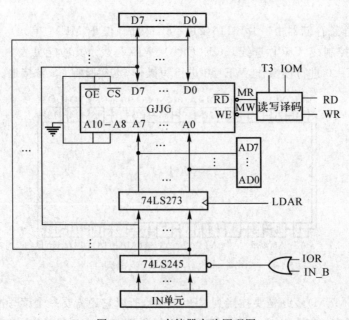

图 3-1-3　存储器实验原理图

实验箱中所有单元的时序都连接至时序与操作台单元,CLR 都连接至 CON 单元的 CLR 按钮。实验时 T3 由时序单元给出,其余信号由 CON 单元的二进制开关模拟给出,其中 IOM 应为低(即 MEM 操作),RD 和 WR 高有效,MR 和 MW 低有效,LDAR 高有效。

【实验步骤】

(1)关闭实验系统电源,按图 3-1-4 所示连接实验电路,并检查无误,图中将用户需要连接的信号用圆圈标明。

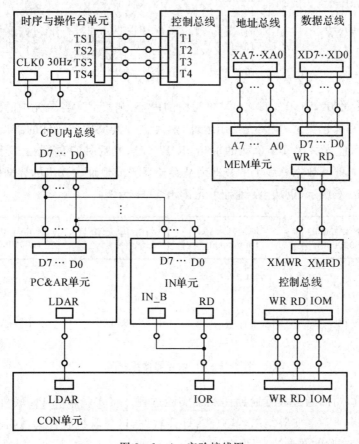

图 3-1-4 实验接线图

(2)将时序与操作台单元的开关 KK1 和 KK3 置为运行挡、开关 KK2 置为"单步"挡。

(3)将 CON 单元的 IOR 开关置为 1(使 IN 单元无输出),打开电源开关,如果听到有"嘀"的报警声,说明有总线竞争现象,应立即关闭电源,重新检查接线,直到错误排除。

(4)给存储器的 00H,01H,02H,03H,04H 地址单元中分别写入数据 11H,12H,13H,14H,15H。由前面的存储器实验原理图(见图 3-1-3)可以看出,由于数据和地址由同一个数据开关给出,因此数据和地址要分时写入。先写地址,具体操作步骤:先关掉存储器的读写(WR=0,RD=0),数据开关输出地址(IOR=0),然后打开地址寄存器门控信号(LDAR=1),按动 ST 产生 T3 脉冲,即将地址打入到 AR 中。再写数据,具体操作步骤:先关掉存储器的读写(WR=0,RD=0)和地址寄存器门控信号(LDAR=0),数据开关输出要写入的数据,打开输入三态门(IOR=0),然后使存储器处于写状态(WR=1,RD=0,IOM=0),按动 ST 产生 T3 脉冲,即将数据打入到存储器中。写存储器的流程如图 3-1-5 所示(以向 00 地址单元写入 11H 为例)。

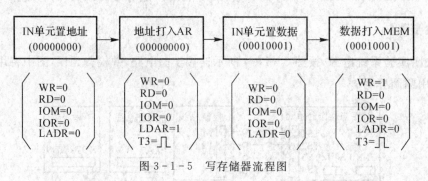

图 3-1-5 写存储器流程图

(5)依次读出第 00,01,02,03,04 号单元中的内容,观察上述各单元中的内容是否与前面写入的一致。同写操作类似,也要先给出地址,然后进行读操作。地址的给出和前面一样,而在进行读操作时,应先关闭 IN 单元的输出(IOR=1),然后使存储器处于读状态(WR=0,RD=1,IOM=0),此时数据总线上的数即为从存储器当前地址中读出的数据内容。读存储器的流程如图 3-1-6 所示(以从 00 地址单元读出 11H 为例)。

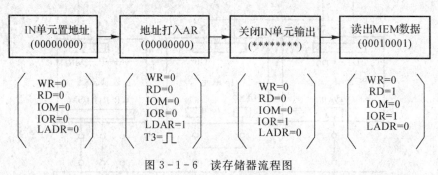

图 3-1-6 读存储器流程图

(6)利用仿真软件,通过数据通路图观察实验过程。将实验箱和 PC 联机操作,可通过软件中的数据通路图来观测实验结果,其方法:打开软件,选择联机软件的"【实验】—【存储器实验】",打开存储器实验的数据通路图,如图 3-1-7 所示。

进行上面的手动操作,每按动一次 ST 按钮,数据通路图会有数据的流动,反映当前存储器所做的操作(即使是对存储器进行读,也应按动一次 ST 按钮,数据通路图才会有数据流动),或在软件中选择"【调试】—【单周期】",其作用相当于将时序单元的状态开关置为"单步"挡后按动了一次 ST 按钮,数据通路图也会反映当前存储器所做的操作,借助于数据通路图,仔细分析 RAM 的读写过程。

【实验要求】

(1)复习存储系统的理论知识及相关的电路工作原理。

(2)认真阅读实验教材,掌握存储器实验电路的工作原理及各种控制信号的作用。

(3)实验过程中,在弄懂实验原理,明确实验任务的情况下小心搭接电路,确认无误后再开电源;认真记录实验原始数据,仔细思考实验有关内容,把自己想不明白的问题通过实验理解清楚。

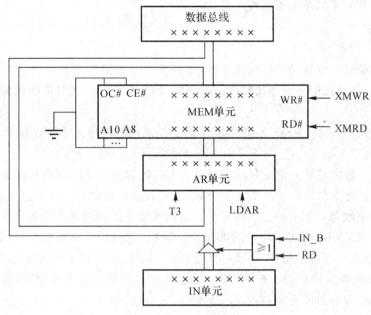

图 3-1-7 数据通路图

(4)利用仿真软件,认真观察数据通路的数据流动情况及各信号的作用。

(5)实验后认真思考总结,写出实验报告,包括实验步骤和具体实验结果,遇到的主要问题和分析与解决问题的思路。

【思考题】

(1)半导体随机存取存储器芯片内部主要有哪几部分? 各部分的作用分别是什么?

(2)随机读写存储器与只读存储器的主要外特征是什么? 有什么异同?

(3)一片静态存储器 6116(2K×8)容量是多大? 实验箱上的地址寄存器只有 8 位接入 6116 的 A0,…,A7,而高三位 A8,…,A10 接地,因而实际存储容量是多少? 为什么?

(4)实验中使用到的操作控制信号和时序控制信号各有哪些? 每个操作控制信号的作用是什么? 能够一次实现 R→M 或 M→R 的操作吗?

(5)归纳出向存储器写入一个数据的过程,包括所需的控制信号(为"1"还是为"0")有效。

3.2 Cache 控制器设计实验

【实验目的】

(1) 掌握 Cache 控制器的原理及其设计方法。

(2) 熟悉 CPLD 应用设计及 EDA 软件的使用。

(3) 掌握静态随机存储器 RAM 工作特性及数据的读写方法。

【实验设备】

PC 机一台,TD-CMA 实验系统一套。

【实验原理】

本实验采用的地址变换是直接映像方式,这种变换方式简单而直接,硬件实现很简单,访问速度也比较快,但是块的冲突率比较高。其主要原则:主存中一块只能映像到 Cache 的一个特定的块中。

假设主存的块号为 B,Cache 的块号为 b,则它们之间的映像关系可以表示为

$$b = B \bmod C_b$$

其中,C_b 是 Cache 的块容量。设主存的块容量为 M_b,区容量为 M_c,则直接映像方法的关系如图 3-2-1 所示。把主存按 Cache 的大小分成区,一般主存容量为 Cache 容量的整数倍,主存每一个分区内的块数与 Cache 的总块数相等。直接映像方式只能把主存各个区中相对块号相同的那些块映像到 Cache 中同一块号的那个特定块中。例如,主存的块 0 只能映像到 Cache 的块 0 中,主存的块 1 只能映像到 Cache 的块 1 中。同样,主存区 1 中的块 C_b(在区 1 中的相对块号是 0)也只能映像到 Cache 的块 0 中。根据上面给出的地址映像规则,整个 Cache 地址与主存地址的低位部分是完全相同的。

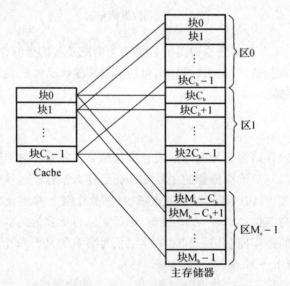

图 3-2-1　直接相联映像方式

直接映像方式的地址变换过程如图 3-2-2 所示,主存地址中的块号 B 与 Cache 地址中的块号 b 是完全相同的。同样,主存地址中的块内地址 W 与 Cache 地址中的块内地址 w 也是完全相同的,主存地址比 Cache 地址长出来的部分称为区号 E。

在程序执行过程中,当要访问 Cache 时,为了实现主存块号到 Cache 块号的变换,需要有一个存放主存区号的小容量存储器,这个存储器的容量与 Cache 的块数相等,字长为主存地址中区号 E 的长度,另外再加一个有效位。

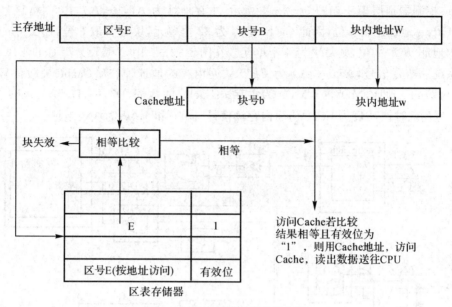

图 3 - 2 - 2 直接相联地址变换

在主存地址到 Cache 地址的变换过程中,首先用主存地址中的块号去访问区号存储器(按地址访问)。把读出来的区号与主存地址中的区号 E 进行比较,根据比较结果和与区号在同一存储字中的有效位情况作出处理。如果区号比较结果相等,有效位为"1",则 Cache 命中,表示要访问的那一块已经装入到 Cache 中了,这时 Cache 地址(与主存地址的低位部分完全相同)是正确的。用这个 Cache 地址去访问 Cache,把读出来的数据送往 CPU。其他情况均为 Cache 没有命中,或称为 Cache 失效,表示要访问的那个块还没有装入到 Cache 中,这时,要用主存地址去访问主存储器,先把该地址所在的块读到 Cache 中,然后 CPU 从 Cache 中读取该地址中的数据。

本实验要在 CPLD 中实现 Cache 及其地址变换逻辑(也叫 Cache 控制器),采用直接相联地址变换,只考虑 CPU 从 Cache 读数据,不考虑 CPU 从主存中读数据和写回数据的情况,Cache 和 CPU 以及存储器的关系如图 3 - 2 - 3 所示。

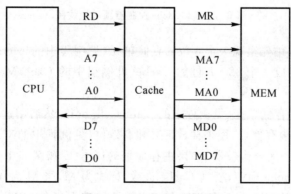

图 3 - 2 - 3 Cache 系统图

Cache 控制器顶层模块如图 3-2-4 所示,主存地址为 A7,…,A0,共 8 位,区号 E 取 3 位,这样 Cache 地址还剩 5 位,因此 Cache 容量为 32 个单元,块号 B 取 3 位,那么 Cache 分为 8 块,块内地址 W 取 2 位,则每块为 4 个单元。在图 3-2-4 中,WCT 为写 Cache 块表信号,CLR 为系统总清零信号,A7,…,A0 为 CPU 访问内存的地址,M 为 Cache 失效信号,CA4,…,CA0 为 Cache 地址,MD7,…,MD0 为主存送 Cache 的数据,D7,…,D0 为 Cache 送 CPU 数据,T2 为系统时钟,RD 为 CPU 访问内存读信号,LA1 和 LA0 为块内地址。

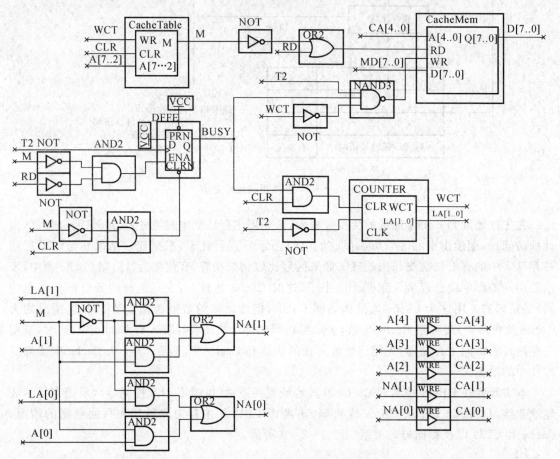

图 3-2-4　Cache 控制器顶层模块图

在 Quartus Ⅱ 软件中先实现一个 8 位的存储单元(见例程中的 MemCell.bdf),然后用这个 8 位的存储单元来构成一个 32×8 位的 Cache(见例程中的 CacheMem.bdf),这样就实现了 Cache 的存储体。

再实现一个 4 位的存储单元(见例程中的 TableCell.bdf),然后用这个 4 位的存储单元来构成一个 8×4 位的区表存储器,用来存放区号和有效位(见例程中的 CacheTable.bdf),在这个文件中,还实现了一个区号比较器,如果主存地址的区号 E 和区表中相应单元中的区号相等,且有效位为 1,则 Cache 命中,否则 Cache 失效,标志为 M,当 M 为 0 时表示 Cache 失效。

当 Cache 命中时,就将 Cache 存储体中相应单元的数据送往 CPU,这个过程比较简单。当 Cache 失效时,就将主存中相应块中的数据读出写入 Cache 中,这样 Cache 控制器就要产生访问主存储器的地址和主存储器的读信号,由于每块占 4 个单元,所以需要连续访问 4 次主存,这就需要一个低地址发生器,即一个 2 位计数器(见例程中的 Counter. vhd),将低 2 位和 CPU 给出的高 6 位地址组合起来,形成访问主存储器的地址。M 就可以作为主存的读信号,这样,在时钟的控制下,就可以将主存中相应的块写入到 Cache 的相应块中,最后再修改区表(见例程中的 CacheCtrl. bdf)。

【实验内容】

(1)向主存 0 区第 1 块和 3 区第 2 块写入一组数据。

(2)将主存 0 区第 1 块和 3 区第 2 块的数据调入到 Cache 存储器中,记录下操作过程中所使用的操作信号。通过操作进一步理解 Cache 存储器的工作原理和控制方法。

(3)注意观察实验中数据调入 Cache 存储器的引发条件。

【实验步骤】

(1) 使用 Quartus Ⅱ软件编辑实现相应的逻辑并进行编译,直到编译通过,Cache 控制器在 EPM1270 芯片中对应的引脚如图 3 - 2 - 5 所示,框外文字表示 I/O 号,框内文字表示该引脚的含义(本实验例程见"安装路径\Cpld \CacheCtrl\CacheCtrl. qpf"工程)。

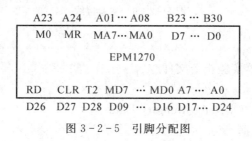

图 3 - 2 - 5　引脚分配图

(2)关闭实验系统电源,按图 3 - 2 - 6 所示连接实验电路,并检查无误 。

(3)打开实验系统电源,将生成的 POF 文件下载到 EMP1270 中去,CPLD 单元介绍见实验 2.2。

(4)将时序与操作台单元的开关 KK3 置为"运行"挡,CLR 信号由 CON 单元的 CLR 模拟给出,按动 CON 单元的 CLR 按钮,清空区表。

(5)预先往主存写入数据:联机软件提供了机器程序下载功能,以代替手动读写主存,机器程序以指定的格式写入到以 TXT 为后缀的文件中,机器指令的格式如下:

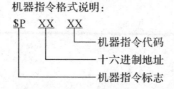

如 $ P 1F 11,表示机器指令的地址为 1FH,指令值为 11H,本次实验只初始化 00～0FH 共 16 个单元,初始数据如下,程序中分号为注释符,分号后面的内容在下载时将被忽略掉。

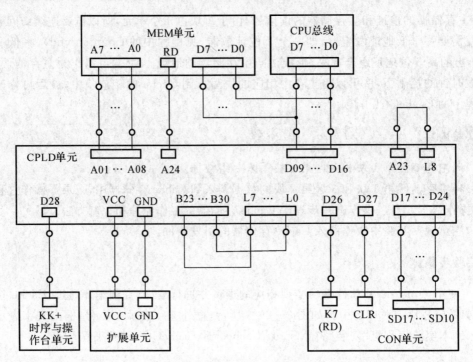

图 3-2-6 实验接线

```
; //* * * * * * * * * * * * * * * * * * * * * * * * * * * * * * * * * * //
; //      Cache 控制器实验指令文件//
; //* * * * * * * * * * * * * * * * * * * * * * * * * * * * * * * * * * //
; //* * * * * Start Of Main Memory Data * * * * * *//
$ P 00 11      ;数据
$ P 01 22
$ P 02 33
$ P 03 44
$ P 04 55
$ P 05 66
$ P 06 77
$ P 07 88
$ P 08 99
$ P 09 AA
$ P 0A BB
$ P 0B CC
$ P 0C DD
$ P 0D EE
$ P 0E FF
$ P 0F 00
; //* * * * * * * End Of Main Memory Data * * * * * * * *//
```

用联机软件的"【转储】—【装载】"功能将该格式(＊.TXT)文件装载入实验系统。装入过程中,在软件的输出区的"结果"栏会显示装载信息,如当前正在装载的是机器指令还是微指令,还剩多少条指令等。

(6)联机软件在启动时会读取所有机器指令和微指令,在指令区显示,软件启动后,也可以选择菜单命令"【转储】—【刷新指令区】"读取下位机指令,并在指令区显示。点击指令区的"主存"TAB 按钮,两列数据中显示了主存的所有数据,第一列为主存地址,第二列为该地址中的数据。对上面文件检查机器程序是否正确,如果不正确,则说明写入操作失败,应重新写入,可以通过联机软件单独修改某个单元的指令,单击需修改单元的数据,此时该单元变为编辑框,输入 2 位数据并按回车键,编辑框消失,写入数据以红色显示。

(7) CPU 访问主存地址由 CON 单元的 SD17,…,SD10 模拟给出,如 00000001。CPU 访问主存的读信号由 CON 单元的 K7 模拟给出,置 K7 为低,可以观察到 CPLD 单元上的 L8 指示灯亮,L0,…,L7 指示灯灭,表示 Cache 失效。此时按动 KK 按钮 4 次,注意 CPU 内总线上指示灯的变化情况,地址会依次加 1,数据总线上显示的是当前主存数据,按动 4 次 KK 按钮后,L8 指示灯变灭,L0,…,L7 上显示的值即为 Cache 送往 CPU 的数据。

(8)重新给出主存访问地址,如 00000011,L8 指示灯变灭,表示 Cache 命中,说明第 0 块数据已写入 Cache。

(9)记住 01H 单元的数据,然后通过联机软件,修改 01H 单元的数据,重新给出主存访问地址 00000001,再次观察 L0,…,L7 指示灯表示的值是 01H 单元修改前的值,说明送往 CPU 的数据是由 Cache 给出的。

(10)重新给出大于 03H 的地址,体会 Cache 控制器的工作过程。

【实验要求】

(1)阅读教材中有关 Cache 存储器的基本原理和控制方法,了解实验内容及要求。

(2)查阅 CPLD 开发工具 Quartus Ⅱ 的操作使用方法,会使用软件进行编程写入。

(3)画出实验中 Cache 存储器和主存的逻辑结构和映射关系,画出 Cache 存储器地址和主存地址的结构并标明各部分所占用的位数。

(4)依实验内容整理出实验操作步骤,实验中记录实验现象及实验过程中出现的问题及解决方法。

(5)完成实验报告和实验题目,谈谈对实验的理解。

【思考题】

(1)在什么情况下 Cache 控制器开始从主存将数据调入到 Cache 存储器? 实验中 CPU 何时从主存读取数据? 何时从 Cache 存储器读取数据?

(2)总结 Cache 控制器的管理过程。

第4章 控 制 器

控制器是计算机的核心部件,计算机的所有硬件都是在控制器的控制下,完成程序规定的操作。控制器的基本功能就是把机器指令转换为按照一定时序控制机器各部件的工作信号,使各部件产生一系列动作,完成指令所规定的任务。

本章安排了两个实验:时序发生器设计实验和微程序控制器实验。

4.1 时序发生器设计实验

【实验目的】

(1)掌握时序发生器的原理及其设计方法。

(2)熟悉 CPLD 应用设计及 EDA 软件的使用。

【实验设备】

PC 机一台,TD-CMA 实验系统一套。

【实验原理】

计算机的工作是按照时序分步地执行。这就需要能产生周期节拍、脉冲等时序信号的部件,称为时序发生器,如图 4-1-1 所示。

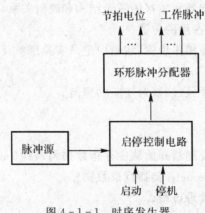

图 4-1-1 时序发生器

时序部件包括脉冲源、脉冲分配器和启停控制电路,以下分别进行介绍。

(1)脉冲源:又称主震荡器,为计算机提供基准时钟信号。

(2)脉冲分配器:对主频脉冲进行分频,产生节拍电位和脉冲信号。时钟脉冲经过脉冲发生器产生时标脉冲、节拍电位及周期状态电位。一个周期状态电位包含多个节拍电位,而一个节拍单位又包含多个时标脉冲。

(3)启停控制电路:用来控制主脉冲的启动和停止。

本实验是用 VHDL 语言来实现一个时序发生器,输出如图 4-1-2 所示 $T1,\cdots,T4$ 共 4 个节拍信号。

时序发生器需要一个脉冲源,由时序单元的 Φ 提供,一个总清零 CLR 为低时,$T1,\cdots,T4$ 输出低。一个停机信号 STOP,当 $T4$ 的下沿到来时,且 STOP 为低,$T1,\cdots,T4$ 输出低。一个启动信号 START,当 START,$T1,\cdots,T4$ 都为低,且 STOP 为高,$T1,\cdots,T4$ 输出环形脉冲。

可通过 4 位循环移位寄存器来实现 $T4,\cdots,T1$,CLR 为总清零信号,STOP 为低时在 $T4$ 脉冲下沿清零时序,时序发生器启动后,移位寄存器在时钟的上沿循环左移一位,移位寄存器的输出端即为 $T4,\cdots,T1$。

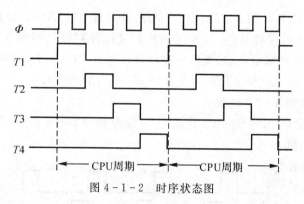

图 4-1-2 时序状态图

【实验内容及步骤】

(1)参照上面的实验原理,用 VHDL 语言来具体设计一个时序发生器。使用 Quartus Ⅱ 软件编辑 VHDL 文件并进行编译,时序发生器在 EPM1270 芯片中对应的引脚如图 4-1-3 所示,框外文字表示 I/O 号,框内文字表示该引脚的含义(本实验例程见"安装路径\Cpld \ Timer\Timer. qpf"工程)。

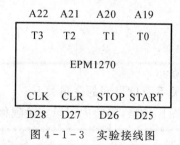

图 4-1-3 实验接线图

(2)关闭实验系统电源,按图 4-1-4 所示连接实验电路,并检查无误,图中将用户需要连接的信号用圆圈标明。

(3)打开实验系统电源,将生成的 POF 文件下载到 EPM1270 中去,CPLD 单元介绍见实验 2.2。

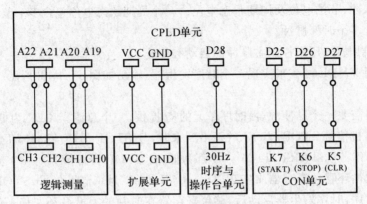

图 4 - 1 - 4 实验接线图

(4)将 CON 单元的 K7(START),K6(STOP)开关置"1",K5(CLR)开关置"1-0-1",使 $T1,\cdots,T4$ 输出低。运行联机软件,选择"【波形】—【打开】"打开逻辑示波器窗口,然后选择 "【波形】—【运行】"启动逻辑示波器,逻辑示波器窗口显示 $T1,\cdots,T4$ 四路时序信号波形。

(5)将 CON 单元的 K7(START)开关置"1-0-1",启动 $T1,\cdots,T4$ 时序,示波器窗口显示 $T1,\cdots,T4$ 波形,如图 4-1-5 所示。

(6)将 CON 单元的 K6(STOP)开关置"0",停止 $T1,\cdots,T4$ 时序,示波器窗口显示 $T1,\cdots,T4$ 波形均变为低。

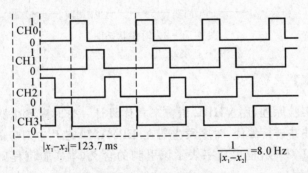

图 4 - 1 - 5 时序波形图

【实验要求】

(1)复习有关时序电路的内容。
(2)理解电路中各部分间的关系及信号间的逻辑关系。
(3)依实验内容整理出实验操作步骤,实验中记录实验现象及实验过程中出现的问题及解决方法。

【思考题】

(1)工作脉冲、节拍、周期三者之间的关系是怎样的?
(2)给出 Φ 的频率,说明 Φ 和 Ti 之间的频率关系,节拍在时间上先后关系周期是多少?

4.2 微程序控制器实验

【实验目的】

(1)掌握微程序控制器的组成原理。

(2)掌握微程序的编制、写入,观察微程序的运行过程。

【实验设备】

PC 机一台,TD-CMA 实验系统一套。

【实验原理】

1.微程序控制电路

微程序控制器的基本任务是完成当前指令的翻译和执行,即将当前指令的功能转换成可以控制的硬件逻辑部件工作的微命令序列,完成数据传送和各种处理操作。它的执行方法就是将控制各部件动作的微命令的集合进行编码,即将微命令的集合和机器指令一样,用数字代码的形式表示,这种表示称为微指令。这样就可以用一个微指令序列表示一条机器指令,这种微指令序列称为微程序。微程序存储在一种专用的存储器中,称为控制存储器,微程序控制器组成原理框图如图 4-2-1 所示。

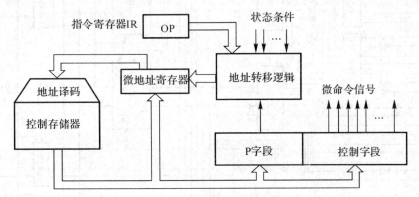

图 4-2-1 微程序控制器组成原理框图

控制器是严格按照系统时序来工作的,因而时序控制对于控制器的设计是非常重要的,从前面的实验可以很清楚地了解时序电路的工作原理,本实验所用的时序由时序单元来提供,分为 4 拍 TS1,TS2,TS3,TS4。

微程序控制器的组成如图 4-2-2 所示,其中控制存储器采用 3 片 2816 的 E^2PROM,具有掉电保护功能,微命令寄存器 18 位,由两片 8D 触发器(273)和一片 4D(175)触发器组成。微地址寄存器 6 位,由 3 片正沿触发的双 D 触发器(74)组成,它们带有清"0"端和预置端。在不判别测试的情况下,T2 时刻打入微地址寄存器的内容即为下一条微指令地址。当 T4 时刻进行测试判别时,转移逻辑满足条件后输出的负脉冲通过强置端将某一触发器置为"1"状态,完成地址修改。

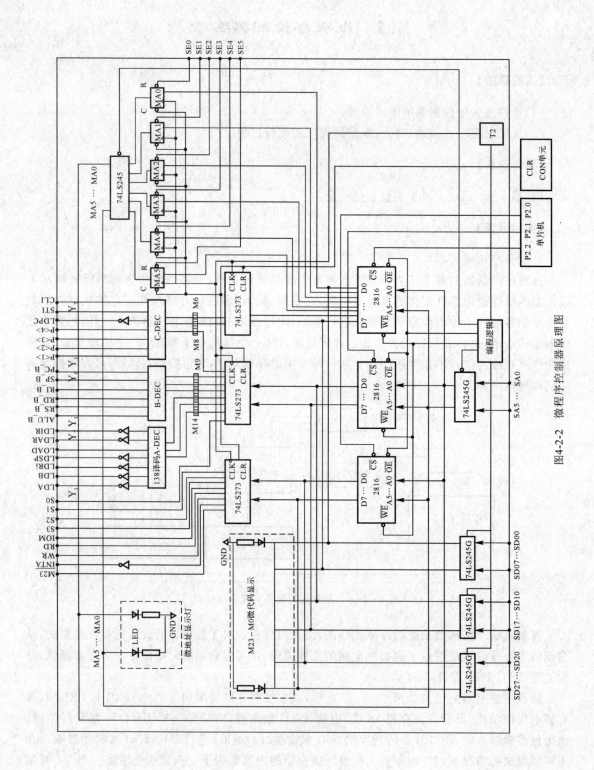

图4-2-2 微程序控制器原理图

在实验平台中设有一组编程控制开关 KK3,KK4,KK5(位于时序与操作台单元),可实现对存储器(包括存储器和控制存储器)的3种操作:编程、校验、运行。考虑到对于存储器的操作大多集中在一个地址连续的存储空间中,实验平台提供了便利的手动操作方式。以向00H单元中写入332211为例,对于控制存储器进行编辑的具体操作步骤如下:首先将 KK1 拨至"停止"挡、KK3 拨至"编程"挡、KK4 拨至"控存"挡、KK5 拨至"置数"挡,由 CON 单元的 SD05~SD00 开关给出需要编辑的控存单元首地址(000000),IN 单元开关给出该控存单元数据的低 8 位(00010001),连续两次按动时序与操作台单元的开关 ST(第一次按动后 MC 单元低 8 位显示该单元以前存储的数据,第二次按动后显示当前改动的数据),此时 MC 单元的指示灯 MA5~MA0 显示当前地址(000000),M7~M0 显示当前数据(00010001)。然后将 KK5 拨至"加1"挡,IN 单元开关给出该控存单元数据的中 8 位(00100010),连续两次按动开关 ST,完成对该控存单元中 8 位数据的修改,此时 MC 单元的指示灯 MA5~MA0 显示当前地址(000000),M15~M8 显示当前数据(00100010);再由 IN 单元开关给出该控存单元数据的高 8 位(00110011),连续两次按动开关 ST,完成对该控存单元高 8 位数据的修改,此时 MC 单元的指示灯 MA5~MA0 显示当前地址(000000),M23~M16 显示当前数据(00110011)。此时被编辑的控存单元地址会自动加 1(01H),由 IN 单元开关依次给出该控存单元数据的低 8 位、中 8 位和高 8 位配合每次开关 ST 的两次按动,即可完成对后续单元的编辑。写控制存储器的流程如图 4-2-3 所示。

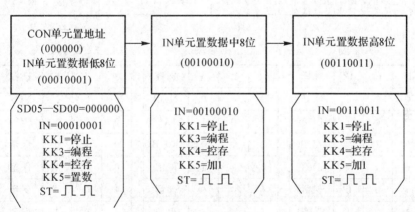

图 4-2-3 写控制存储器流程图

编辑完成后需进行校验,以确保编辑的正确。以校验00H单元为例,对于控制存储器进行校验的具体操作步骤如图 4-2-4 所示。如果校验的微指令出错,则返回输入操作,修改该单元的数据后再进行校验,直至确认输入的微代码全部准确无误为止,完成对微指令的输入。

位于实验平台 MC 单元左上角一列 3 个指示灯 MC2,MC1,MC0 用来指示当前操作的微程序字段,分别对应 M23~M16,M15~M8,M7~M0。实验平台提供了比较灵活的手动操作方式,比如在上述操作中在对地址置数后将开关 KK4 拨至"减1"挡,则每次随着开关 ST 的两次拨动操作,字节数依次从高 8 位到低 8 位递减,减至低 8 位后,再按动两次开关 ST,微地址会自动减1,继续对下一个单元的操作。

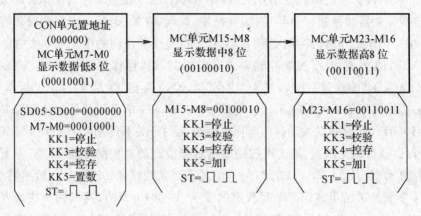

图 4-2-4 控制存储器校验流程图

2. 微指令格式

微指令字长共 24 位,控制位顺序见表 4-2-1。

表 4-2-1 微指令格式

23	22	21	20	19	18~15	14~12	11~9	8~6	5~0
M23	M22	WR	RD	IOM	S3—S0	A 字段	B 字段	C 字段	MA5—MA0

A 字段

14	13	12	选择
0	0	0	NOP
0	0	1	LDA
0	1	0	LDB
0	1	1	LDRO
1	0	0	保留
1	0	1	保留
1	1	0	保留
1	1	1	LDIR

B 字段

11	10	9	选择
0	0	0	NOP
0	0	1	ALU_B
0	1	0	R0_B
0	1	1	保留
1	0	0	保留
1	0	1	保留
1	1	0	保留
1	1	1	保留

C 字段

8	7	6	选择
0	0	0	NOP
0	0	1	P〈1〉
0	1	0	保留
0	1	1	保留
1	0	0	保留
1	0	1	保留
1	1	0	保留
1	1	1	保留

其中 MA5,…,MA0 为 6 位的后续微地址;A,B,C 为 3 个译码字段,分别由 3 个控制位译出多位码。C 字段中的 P〈1〉为测试字位。其功能是根据机器指令及相应微代码进行译码,使微程序转入相应的微地址入口,从而实现完成对指令的识别,并实现微程序的分支,本系统上的指令译码原理如图 4-2-5 所示,图中 17,…,12 为指令寄存器的第 17,…,12 位输出,SE5…SE0 为微控器单元微地址锁存器的强置端输出,指令译码逻辑在 IR 单元的 INS_DEC (GAL20V8)中实现。从图 4-2-2 中也可以看出,微控器产生的控制信号比表 4-2-1 中的要多,这是因为实验的不同,所需的控制信号也不一样,本实验只用了部分的控制信号。本实

验除了用到指令寄存器(IR)和通用寄存器 R0 外,还要用到 IN 和 OUT 单元,从微控器出来的信号中只有 IOM,WR 和 RD 这 3 个信号,因此对这两个单元的读写信号还应先经过译码,译码原理如图 4-2-6 所示。IR 单元的原理图如图 4-2-7 所示,IN 单元的原理图如图 3-1-3 所示,OUT 单元的原理图如图 4-2-8 所示,R0 单元的原理图如图 4-2-9 所示。

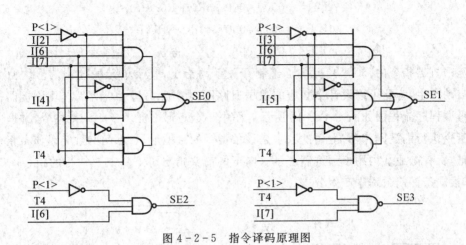

图 4-2-5 指令译码原理图

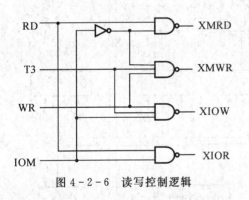

图 4-2-6 读写控制逻辑

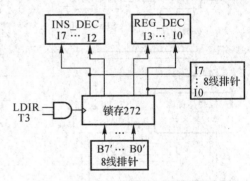

图 4-2-7 IR 单元原理图

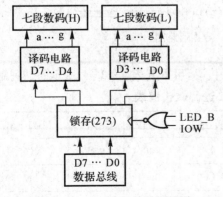

图 4-2-8 OUT 单元原理图

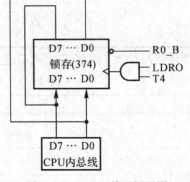

图 4-2-9 R0 单元原理图

本实验安排了 4 条机器指令,分别为 ADD(0000 0000),IN(0010 0000),OUT(0011 0000)和 HLT(0101 0000),括号中为各指令的二进制代码,指令格式如下:

助记符	机器指令码	说明
IN	0010 0000	IN→R0
ADD	0000 0000	R0+R0→R0
OUT	0011 0000	R0→OUT
HLT	0101 0000	停机

实验中机器指令由 CON 单元的二进制开关手动给出,其余单元的控制信号均由微程序控制器自动产生,为此可以设计出相应的数据通路图,如图 4-2-10 所示。几条机器指令对应的参考微程序流程图如图 4-2-11 所示。图中一个矩形方框表示一条微指令,方框中的内容为该指令执行的微操作,右上角的数字是该条指令的微地址,右下角的数字是该条指令的后续微地址,所有微地址均用十六进制表示。向下的箭头指出了下一条要执行的指令。P〈1〉为测试字,根据条件使微程序产生分支。

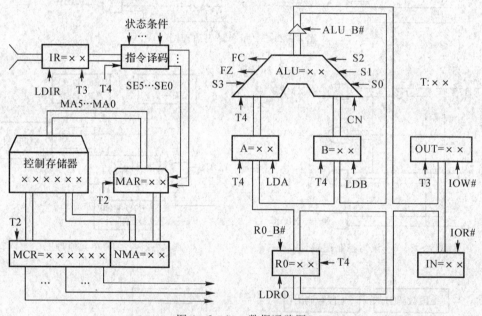

图 4-2-10 数据通路图

将全部微程序按微指令格式变成二进制微代码,可得到表 4-2-2 所示的二进制代码表。

表 4-2-2 二进制微代码表

地址	16 进制	高 5 位	S3~S0	A 字段	B 字段	C 字段	MA5~MA0
00	00 00 01	00000	0000	000	000	000	000001
01	00 70 70	00000	0000	111	000	001	110000
04	00 24 05	00000	0000	010	010	000	000101
05	04 B2 01	00000	1001	011	001	000	000001

续 表

地址	16进制	高5位	S3~S0	A字段	B字段	C字段	MA5~MA0
30	00 14 04	00000	0000	001	010	000	000100
32	18 30 01	00011	0000	011	000	000	000001
33	28 04 01	00101	0000	000	010	000	000001
35	00 00 35	00000	0000	000	000	000	110101

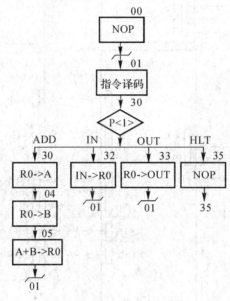

图 4-2-11 微程序流程图

【实验步骤】

(1)按图4-2-12所示连接实验线路,仔细查线无误后接通电源。如果有"嘀"报警声,说明总线有竞争现象,应关闭电源,检查接线,直到错误排除。

(2)对微控器进行读写操作,分两种情况:手动读写和联机读写。

1)手动读写。

①手动对微控器进行编程(写)。按照图4-2-3所示写控制存储器流程图,将表4-2-2所示的微代码写入2816芯片中。

②手动对微控器进行校验(读)。按照图4-2-4所示控制存储器校验流程图,完成对微代码的校验。如果校验出微代码写入错误,重新写入、校验,直至确认微指令的输入无误为止。

2)联机读写。

①将微程序写入文件:联机软件提供了微程序下载功能,以代替手动读写微控器,但微程序必须以指定的格式写入到以 TXT 为后缀的文件中,微程序的格式如下:

微指令格式说明:

$M XX XXXXXX

- 微指令代码
- 十六进制地址
- 微指令标志

如 $M 1F 112233,表示微指令的地址为 1FH,微指令值为 11H(高)、22H(中)、33H(低),本次实验的微程序如下,其中分号";"为注释符,分号后面的内容在下载时将被忽略掉。

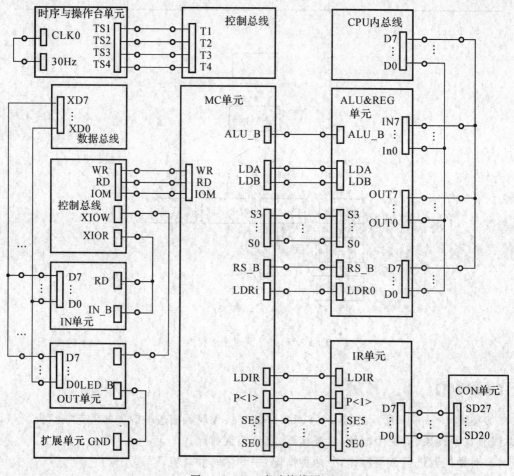

图 4-2-12 实验接线图

```
; //************************************//
; //微控器实验指令文件//
; //************************************//
; //**** Start Of MicroController Data ****//
  $M 00 000001; NOP
  $M 01 007070; CON(INS)->IR, P⟨1⟩
  $M 04 002405; R0->B
```

$ M 05 04B201；A 加 B->R0

$ M 30 001404；R0->A

$ M 32 183001；IN->R0

$ M 33 280401；R0->OUT

$ M 35 000035；NOP

; //＊＊＊＊＊ End Of MicroController Data ＊＊＊＊＊ //

②写入微程序:用联机软件的"【转储】—【装载】"功能将该格式(＊.TXT)文件装载入实验系统。装入过程中,在软件的输出区的"结果"栏会显示装载信息,例如当前正在装载的是机器指令还是微指令,还剩多少条指令等。

③校验微程序:选择联机软件的"【转储】—【刷新指令区】"可以读出下位机所有的机器指令和微指令,并在指令区显示。检查微控器相应地址单元的数据是否和表4-2-2中的十六进制数据相同,如果不同,则说明写入操作失败,应重新写入,可以通过联机软件单独修改某个单元的微指令,先用鼠标左键单击指令区的"微存"TAB 按钮,然后再单击需修改单元的数据,此时该单元变为编辑框,输入 6 位数据并按回车键,编辑框消失,并以红色显示写入的数据。

(3)运行微程序。运行时也分两种情况:本机运行和联机运行。

1)本机运行。

① 将时序与操作台单元的开关 KK1,KK3 置为"运行"挡,按动 CON 单元的 CLR 按钮,将微地址寄存器(MAR)清零,同时也将指令寄存器(IR)、ALU 单元的暂存器 A 和暂存器 B 清零。

② 将时序与操作台单元的开关 KK2 置为"单拍"挡,然后按动 ST 按钮,体会系统在 T1,T2,T3,T4 节拍中各做的工作。T2 节拍微控器将后续微地址(下条执行的微指令的地址)打入微地址寄存器,当前微指令打入微指令寄存器,并产生执行部件相应的控制信号;T3,T4 节拍根据 T2 节拍产生的控制信号做出相应的执行动作,如果测试位有效,还要根据机器指令及当前微地址寄存器中的内容进行译码,使微程序转入相应的微地址入口,实现微程序的分支。

③ 按动 CON 单元的 CLR 按钮,清微地址寄存器(MAR)等,并将时序与单元的开关 KK2 置为"单步"挡。

④ 置 IN 单元数据为 00100011,按动 ST 按钮,当 MC 单元后续微地址显示为 000001 时,在 CON 单元的 SD27,…,SD20 模拟给出 IN 指令 00100000 并继续单步执行,当 MC 单元后续微地址显示为 000001 时,说明当前指令已执行完;在 CON 单元的 SD27,…,SD20 给出 ADD 指令 00000000,该指令将会在下个 T3 被打入指令寄存器(IR),它将 R0 中的数据和其自身相加后送 R0;接下来在 CON 单元的 SD27,…,SD20 给出 OUT 指令 00110000 并继续单步执行,在 MC 单元后续微地址显示为 000001 时,观察 OUT 单元的显示值是否为 01000110。

2)联机运行。联机运行时,进入软件界面,在菜单上选择【实验】—【微控器实验】,打开本实验的数据通路图,也可以通过工具栏上的下拉框打开数据通路图,数据通路图如图4-2-10所示。将时序与操作台单元的开关 KK1,KK3 置为"运行"挡,按动 CON 单元的总清开关后,按动软件中单节拍按钮,当后续微地址(通路图中的 MAR)为 000001 时,置 CON 单元 SD27,…,SD20,产生相应的机器指令,该指令将会在下个 T3 被打入指令寄存器(IR),在后面的节拍中将执行这条机器指令。仔细观察每条机器指令的执行过程,体会后续微地址被强置转换的过程,这是计算机识别和执行指令的根基。也可以打开微程序流程图,跟踪显示每条机器指令的执行过程。

按本机运行的顺序给出数据和指令,观察最后的运算结果是否正确。

【实验要求】

(1)复习微程序控制器的相关知识,了解微指令、微程序的设计方法。

(2)阅读实验教材中实验原理及要求,认真分析了解实验环境,熟知指令译码、读写控制、IR 单元、IO 单元、寄存器等各部分的基本组成和控制方法,依实验内容整理出实验操作步骤。

(3)认真理解实验中使用的 4 条机器指令所对应的微程序流程,将全部微程序按微指令格式变成二进制微代码,搞清楚每一步的微命令和它们所对应的微操作。

(4)实验中记录实验现象及原始数据,利用仿真软件,认真观察数据通路的数据流动情况及各信号的作用。

(5)实验后认真思考总结,写出实验报告,包括实验步骤和具体实验结果,遇到的主要问题和分析与解决问题的思路。

【思考题】

(1)微指令的格式主要与哪些因素有关? 后续地址的选取有什么限制?

(2)总结微程序的执行控制过程。

第5章　系统总线与总线接口

　　总线是计算机中连接各个功能部件的纽带,是计算机各部件之间进行信息传输的公共通路。总线不只是一组简单的信号传输线,它还是一组协议。分时与共享是总线的两大特征。所谓共享,是在总线上可以挂接多个部件,它们都可以使用这一信息通路来和其他部件传送信息。所谓分时,是同一总线在同一时刻,只能有一个部件占领总线发送信息,其他部件要发送信息得在该部件发送完释放总线后才能申请使用。总线结构是决定计算机性能、功能、可扩展性和标准化程度的重要因素。

　　本章安排了3个实验:系统总线和具有基本输入、输出功能的总线接口实验,具有中断控制功能的总线接口实验和具有 DMA 控制功能的总线接口实验。

5.1　系统总线和具有基本输入、输出功能的总线接口实验

【实验目的】

　　(1)理解总线的概念及其特性。
　　(2)掌握控制总线的功能和应用。
　　(3)验证读写控制逻辑,深入理解输入、输出操作的控制方法。

【实验仪器及设备】

　　PC 机一台,TD-CMA 实验系统一套。

【实验原理】

　　由于存储器和输入、输出设备最终是要挂接到外部总线上的,所以需要外部总线提供数据信号、地址信号以及控制信号。在该实验平台中,外部总线分为数据总线、地址总线和控制总线,分别为外设提供上述信号。外部总线和 CPU 内部总线之间通过三态门连接,同时实现了内、外总线的分离和对于数据流向的控制。地址总线可以为外部设备提供地址信号和片选信号。由地址总线的高位进行译码,系统的 I/O 地址译码原理如图 5-1-1 所示(在地址总线单元)。由于使用 A6,A7 进行译码,I/O 地址空间被分为 4 个区,见表 5-1-1。

　　为了实现对 MEM 和外设的读写操作,还需要一个读写控制逻辑,使得 CPU 能控制 MEM 和 I/O 设备的读写,实验中的读写控制逻辑如图 5-1-2 所示,由于 T3 的参与,可以保证写脉宽与 T3 一致,T3 由时序单元的 TS3 给出(时序单元的介绍见附录2)。IOM 用来选择是对 I/O 设备还是对 MEM 进行读写操作,当 IOM＝1 时对 I/O 设备进行读写操作,当 IOM＝0 时对 MEM 进行读写操作。当 RD＝1 时为读,当 WR＝1 时为写。

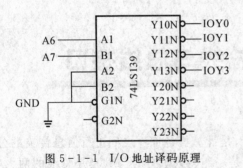

图 5-1-1 I/O 地址译码原理

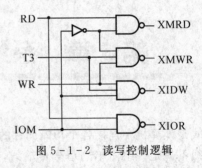

图 5-1-2 读写控制逻辑

表 5-1-1 I/O 地址空间分配

A7　A6	选定	地址空间
00	IOY0	00 - 3F
01	IOY1	40 - 7F
10	IOY2	80 - BF
11	IOY3	C0 - FF

【实验任务】

实验所用总线传输框图如图 5-1-3 所示,它将几种不同的设备挂至总线上,有存储器、输入设备、输出设备、寄存器。这些设备都需要有三态输出控制,按照传输要求恰当有序地控制它们,就可实现总线信息传输。

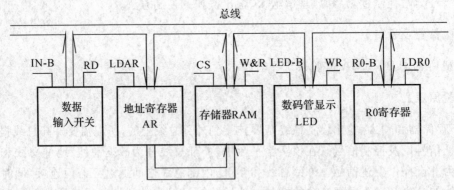

图 5-1-3 总线传输实验框图

总线基本实验要求如下:

根据挂在总线上的几个基本部件,设计一个简单的流程。

(1)输入设备将一个数打入 R0 寄存器。

(2)输入设备将另一个数打入地址寄存器。

(3)将 R0 寄存器中的数写入到当前地址的存储器中。

(4)将当前地址的存储器中的数用 LED 数码管显示。

(5)利用仿真软件,通过数据通路图观察实验过程,深入理解总线操作过程。

【实验步骤】

(1)按照图 5-1-4 所示实验接线图进行连线,检查无误后打开电源。

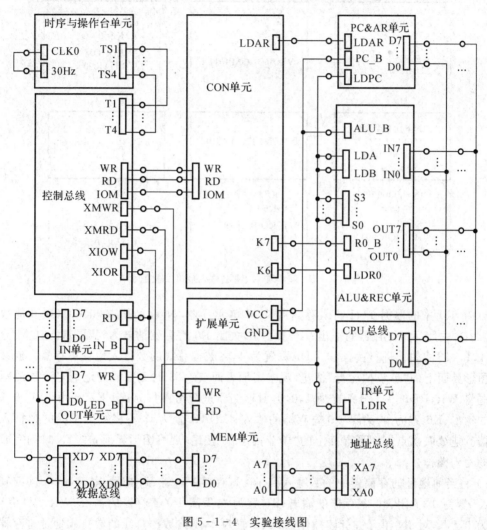

图 5-1-4　实验接线图

(2)进入软件界面,选择菜单命令"【实验】—【简单模型机】",打开简单模型机实验数据通路图。

将时序与操作台单元的开关 KK1,KK3 置为"运行"挡,开关 KK2 置为"单拍"挡,CON 单元所有开关置 0,按动 CON 单元的总清按钮 CLR,然后通过运行程序,在数据通路图中观测程序的执行过程。实验操作流程如图 5-1-5 所示。

1)输入设备将 11H 打入 R0 寄存器。将 IN 单元置 00010001,K7 置为 1,关闭 R0 寄存器的输出;K6 置为 1,打开 R0 寄存器的输入;WR,RD,IOM 分别置为 0,1,1,对 IN 单元进行读操作;LDAR 置为 0,不将数据总线的数打入地址寄存器。连续四次点击图形界面上的"单节拍运行"按钮(运行一个机器周期),观察图形界面,在 T4 时刻完成对寄存器 R0 的写入操作。

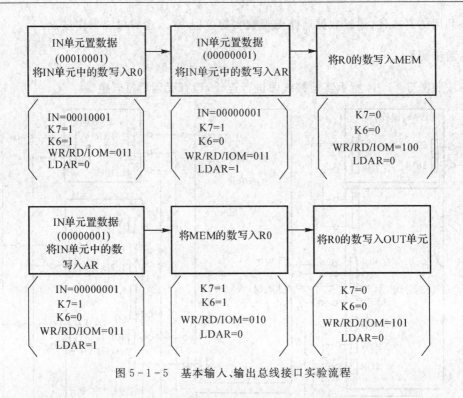

图 5-1-5　基本输入、输出总线接口实验流程

2）将 R0 中的数据 11H 打入存储器 01H 单元。将 IN 单元置 00000001（或其他数值）。K7 置为 1，关闭 R0 寄存器的输出；K6 置为 0，关闭 R0 寄存器的输入；WR，RD，IOM 分别置为 0，1，1，对 IN 单元进行读操作；LDAR 置为 1，将数据总线的数打入地址寄存器。连续四次点击图形界面上的"单节拍运行"按钮，观察图形界面，在 T3 时刻完成对地址寄存器的写入操作。先将 WR，RD，IOM 分别置为 1，0，0，对存储器进行写操作；再把 K7 置为 0，打开 R0 寄存器的输出；K6 置为 0，关闭 R0 寄存器的输入；LDAR 置为 0，不将数据总线的数打入地址寄存器。连续四次点击图形界面上的"单节拍运行"按钮，观察图形界面，在 T3 时刻完成对存储器的写入操作。

3）将当前地址的存储器中的数写入到 R0 寄存器中。将 IN 单元置 00000001（或其他数值），K7 置为 1，关闭 R0 寄存器的输出；K6 置为 0，关闭 R0 寄存器的输入；WR，RD，IOM 分别置为 0，1，1，对 IN 单元进行读操作；LDAR 置为 1，不将数据总线的数打入地址寄存器。连续四次点击图形界面上的"单节拍运行"按钮，观察图形界面，在 T3 时刻完成对地址寄存器的写入操作。将 K7 置为 1，关闭 R0 寄存器的输出；K6 置为 1，打开 R0 寄存器的输入；WR，RD，IOM 分别置为 0，1，0，对存储器进行读操作；LDAR 置为 0，不将数据总线的数打入地址寄存器。连续四次点击图形界面上的"单节拍运行"按钮，观察图形界面，在 T3 时刻完成对寄存器 R0 的写入操作。

4）将 R0 寄存器中的数用 LED 数码管显示。先将 WR，RD，IOM 分别置为 1，0，1，对 OUT 单元进行写操作；再将 K7 置为 0，打开 R0 寄存器的输出；K6 置为 0，关闭 R0 寄存器的输入；LDAR 置为 0，不将数据总线的数打入地址寄存器。连续四次点击图形界面上的"单节拍运行"按钮，观察图形界面，在 T3 时刻完成对 OUT 单元的写入操作。

【实验注意事项】

（1）由于采用简单模型机的数据通路图，为了不让悬空的信号引脚影响通路图的显示结果，将这些引脚置为无效。在接线时为了方便，可将管脚接到 CON 单元闲置的开关上，若开关打到"1"，则等效于接到"VCC"；若开关打到"0"，则等效于接到"GND"。

（2）由于总线有竞争报警功能，在操作中应当先关闭应关闭的输出开关，再打开应打开的输出开关，否则可能由于总线竞争而导致实验出错。

【实验要求】

（1）阅读教材中有关 I/O 接口和输入、输出设备的相关知识，了解实验内容及要求。

（2）预习《数字电子技术》中锁存器、缓冲器及常用逻辑门器件的相关知识。

（3）认真分析了解实验环境，熟知每一部分的基本组成和控制方法，依实验内容整理出实验操作步骤。

（4）实验中记录实验现象及实验过程中出现的问题及解决方法。

（5）完成实验报告和实验题目，谈谈对实验的理解。

【思考题】

（1）实验中使用到的操作控制信号和时序控制信号各有哪些？每个操作控制信号的作用是什么？

（2）实验使用到的控制信号中是否有分时复用的？是哪些信号？

（3）在该实验环境中能否一次实现将存储器 M 中的数据传送到 LED 并显示出来？为什么？

（4）实验电路提供了哪些数据通路？请分别描述各通路的控制方法。

5.2　具有中断控制功能的总线接口实验

【实验目的】

（1）掌握中断控制信号线的功能和应用。

（2）掌握在系统总线上设计中断控制信号线的方法。

【实验仪器及设备】

PC 机一台，TD - CMA 实验系统一套。

【实验原理】

为了实现中断控制，CPU 必须有一个中断使能寄存器，并且可以通过指令对该寄存器进行操作。设计下述中断使能寄存器，其原理如图 5 - 2 - 1 所示。其中 EI 为中断允许信号，CPU 开中断指令 STI 对其置"1"，而 CPU 关中断指令 CLI 对其置"0"。当每条指令执行完时，若允许中断，则 CPU 给出开中断使能标志 STI，打开中断使能寄存器，EI 有效。EI 再和外部给出的中断请求信号一起参与指令译码,使程序进入中断处理流程。

本实验要求设计的系统总线具备类似 X86 的中断功能,当外部中断请求有效、CPU 允许响应中断,在当前指令执行完时,CPU 将响应中断。当 CPU 响应中断时,将会向 8259 发送两个连续的 $\overline{\text{INTA}}$ 信号,请注意,8259 是在接收到第一个 $\overline{\text{INTA}}$ 信号后锁住向 CPU 的中断请求信号 INTR(高电平有效)的,并且在第二个 $\overline{\text{INTA}}$ 信号到达后将其变为低电平(自动 EOI 方式),因此,中断请求信号 IR0 应该维持一段时间,直到 CPU 发送出第一个 $\overline{\text{INTA}}$ 信号,这才是一个有效的中断请求。8259 在收到第二个 $\overline{\text{INTA}}$ 信号后,就会将中断向量号发送到数据总线,CPU 读取中断向量号,并转入相应的中断处理程序中。在读取中断向量时,需要从数据总线向 CPU 内总线传送数据。因此需要设计数据缓冲控制逻辑,在 $\overline{\text{INTA}}$ 信号有效时,允许数据从数据总线流向 CPU 内总线。数据缓冲控制原理图如图 5-2-2 所示,其中 RD 为 CPU 从外部读取数据的控制信号。

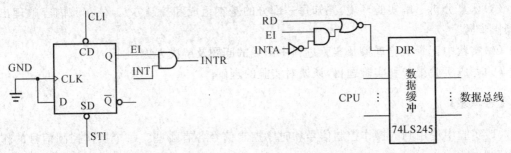

图 5-2-1 中断使能寄存器原理图　　　图 5-2-2 数据缓冲控制原理图

在控制总线部分表现为当 CPU 开中断允许信号 STI 有效、关中断允许信号 CLI 无效时,中断标志 EI 有效,当 CPU 开中断允许信号 STI 无效、关中断允许信号 CLI 有效时,中断标志 EI 无效。当 EI 无效时,外部的中断请求信号不能发送给 CPU。

【实验任务】

验证中断控制逻辑。

【实验步骤】

(1)按照图 5-2-3 所示实验接线图进行连线,检查无误后打开电源。

(2)具体操作步骤如下:

1)对总线进行置中断操作(K6=1,K7=0),观察控制总线部分的中断允许指示灯 EI,此时 EI 亮,表示允许响应外部中断。按动时序与操作台单元的开关 KK,观察控制总线单元的指示灯 INTR,发现当开关 KK 按下时 INTR 变亮,表示总线将外部的中断请求送到 CPU。

2)对总线进行清中断操作(K6=0,K7=1),观察控制总线部分的中断允许指示灯 EI,此时 EI 灭,表示禁止响应外部中断。按动时序与操作台单元的开关 KK,观察控制总线单元的指示灯 INTR,发现当开关 KK 按下时 INTR 不变,仍然为灭,表示总线锁死了外部的中断请求。

3)对总线进行置中断操作(K6=1,K7=0),当 CPU 给出的中断应答信号 INTA'(K5=0)有效时,使用电压表测量数据缓冲 74LS245 的 DIR(第 1 脚),显示为低,表示 CPU 允许外部送中断向量号。

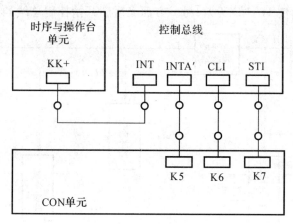

图 5 - 2 - 3　实验接线图

【实验要求】

(1)阅读教材中有关中断控制方式的相关知识,了解实验内容及要求。

(2)实验中记录实验现象及实验过程中出现的问题及解决方法。

(3)总结出中断控制流程,说出各控制信号的功能。

(4)完成实验报告和实验题目,谈谈对实验的理解。

5.3　具有 DMA 控制功能的总线接口实验

【实验目的】

(1)掌握 DMA 控制信号线的功能和应用。

(2)掌握在系统总线上设计 DMA 控制信号线的方法。

【实验仪器及设备】

PC 机一台,TD - CMA 实验系统一套,数字万用表一台。

【实验原理】

有一类外设在使用时需要占用总线,其中的典型代表是 DMA 控制机。在使用这类外设时,总线的控制权要在 CPU 和外设之间进行切换,这就需要总线具有相应的信号来实现这种切换,避免总线竞争,使 CPU 和外设能够正常工作。下面以 DMA 操作为例,设计相应的总线控制信号线。实验原理图如图 5 - 3 - 1 所示。

进行 DMA 操作时,外设向 DMAC(DMA 控制机)发出 DMA 传送请求,DMAC 通过总线上的 HOLD 信号向 CPU 提出 DMA 请求。CPU 在完成当前总线周期后对 DMA 请求做出响应。CPU 的响应包括两个方面,一方面让出总线控制权;一方面将有效的 HALD 信号加到 DMAC 上,通知 DMAC 可以使用总线进行数据传输。此时 DMAC 进行 DMA 传输,传输完成后,停止向 CPU 发 HOLD 信号,撤消总线请求,交还总线控制权。CPU 在收到无效的 HOLD 信号后,一方面使 HALD 无效;另一方面又重新开始控制总线,实现正常的运行。

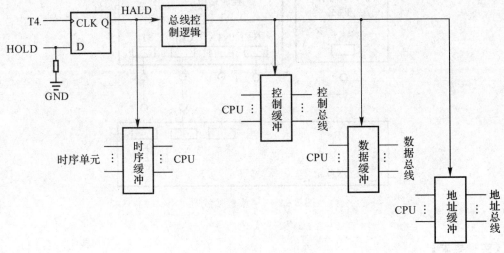

图 5-3-1　实验原理图

如图 5-3-1 所示,在每个机器周期的 T4 时刻根据 HOLD 信号来判断是否有 DMA 请求,如果有,则产生有效的 HALD 信号,HALD 信号一方面锁死 CPU 的时钟信号,使 CPU 保持当前状态,等待 DMA 操作的结束;另一方面使控制缓冲、数据缓冲、地址缓冲都处于高阻状态,隔断 CPU 与外总线的联系,将外总线交由 DMAC 控制。在 DMA 操作结束后,DMAC 将 HOLD 信号置为无效,DMA 控制逻辑在 T4 时刻将 HALD 信号置为无效,HALD 信号一方面打开 CPU 的时钟信号,使 CPU 开始正常运行;另一方面把控制缓冲、数据缓冲和地址缓冲交由 CPU 控制,恢复 CPU 对总线的控制权。

在本实验中,控制缓冲由写在 16V8 芯片中的组合逻辑实现,数据缓冲和地址缓冲由数据总线和地址总线左侧的 74LS245 实现。以存储器读信号为例,体现 HALD 信号对控制总线的控制。

【实验任务】

首先模拟 CPU 给出存储器读信号(置 WR,RD,IOM 分别为 0,1,0),当 HALD 信号无效时,总线上输出的存储器读信号 XMRD 为有效态"0",当 HALD 信号有效时,总线上输出的存储器读信号 XMRD 为高阻态。然后,自行设计其余的控制信号验证实验。

【实验步骤】

(1)按照图 5-3-2 所示实验接线图进行连线,检查无误后打开电源。具体操作步骤如下:

1) 将时序与操作台单元的开关 KK1,KK3 置为"运行"挡,开关 KK2 置为"单拍"挡,按动 CON 单元的总清按钮 CLR,将 CON 单元的 WR,RD,IOM 分别置为"0""1""0",此时 XMRD 为低,相应的指示灯 E0 灭。使用电压表测量数据总线和地址总线左侧的芯片 74LS245 的使能控制信号(第 19 脚),发现电压为低,说明数据总线和地址总线与 CPU 连通。

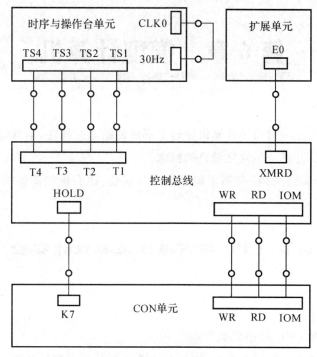

图 5 - 3 - 2　实验接线图

2) 将 CON 单元的 K7 置为 1,连续按动时序与操作台单元的开关 ST,T4 时刻控制总线的指示灯 HALD 为亮,继续按动开关 ST,发现控制总线单元的时钟信号指示灯 T1～T4 保持不变,说明 CPU 的时钟被锁死。此时 XMRD 为高阻态,相应的指示灯 E0 亮。使用万用表测量数据总线和地址总线左侧的芯片 74LS245 的使能控制信号(第 19 脚),发现电压为高,说明总线和 CPU 的连接被阻断。

3)将 CON 单元的 K7 置为 0,按动时序与操作台单元的开关 ST,当时序信号走到 T4 时刻时,控制总线的指示灯 HALD 为灭,继续按动开关 ST,发现控制总线单元的时钟信号指示灯 T1～T4 开始变化,说明 CPU 的时钟被接通。此时 XMRD 受 CPU 控制,恢复有效为低,相应的指示灯 E0 灭。使用万用表测量数据总线和地址总线左侧的芯片 74LS245 的使能控制信号(第 19 脚),发现电压为低,说明总线和 CPU 恢复连通。

【实验要求】

(1)阅读教材中有关 DMA 控制方式的相关知识,了解实验内容及要求。

(2)实验中记录实验现象及实验过程中出现的问题及解决方法。

(3)总结出 DMA 控制流程,说出各控制信号的功能。

(4)完成实验报告和实验题目,谈谈对实验的理解。

第6章 模型计算机

在前面的章节中,重点讨论了计算机中每个部件的组成及特性,本章将重点讨论如何完整设计一台模型计算机,并进一步建立整机的概念。

本章安排了3个实验:CPU与简单模型机设计实验、硬布线控制器模型机设计实验和复杂模型机设计实验。

6.1 CPU与简单模型机设计实验

【实验目的】

(1)掌握一个简单CPU的组成原理。

(2)在掌握部件单元电路的基础上,进一步构造一台基本模型计算机。

(3)为其定义5条机器指令,编写相应的微程序,并上机调试,掌握整机概念。

【实验仪器及设备】

PC机一台,TD-CMA实验系统一套。

【实验原理】

1. 简单的模型计算机的构成

本实验要实现一个简单的CPU,并且在此CPU的基础上,继续构建一个简单的模型计算机。CPU由运算器(ALU)、微程序控制器(MC)、通用寄存器(R0)、指令寄存器(IR)、程序计数器(PC)和地址寄存器(AR)组成,如图6-1-1所示。这个CPU在写入相应的微指令后,就具备了执行机器指令的功能,但是机器指令一般存放在主存当中,CPU必须和主存挂接后,才有实际的意义,因此还需要在该CPU的基础上增加一个主存和基本的输入、输出部件,以构成一个简单的模型计算机。

系统的程序计数器(PC)和地址寄存器(AR)集成在一片CPLD芯片中,程序计数器(PC)原理如图6-1-2所示。CLR连接至CON单元的总清端CLR,按下CLR按钮,将使PC清零,LDPC和T3相与后作为计数器的计数时钟,当LOAD为低时,计数时钟到来后将CPU内总线上的数据打入PC。

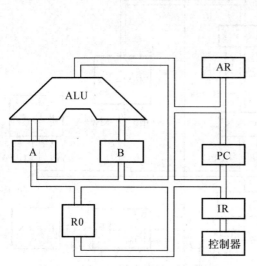

图 6-1-1 基本 CPU 构成原理图

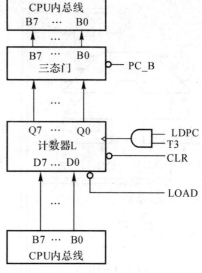

图 6-1-2 程序计数器(PC)原理图

2. 简单的模型计算机的设计

本实验采用 5 条机器指令:IN(输入),ADD(二进制加法),OUT(输出),JMP(无条件转移),HLT(停机),其指令格式如下(高 4 位为操作码):

助记符	机器指令码	说明
IN	0010 0000	IN→R0
ADD	0000 0000	R0+R0→R0
OUT	0011 0000	R0→OUT
JMP addr	1110 0000 ********	addr→PC
HLT	0101 0000	停机

其中 JMP 为双字节指令,其余均为单字节指令,******** 为 addr 对应的二进制地址码。

前面微程序控制器实验的指令是通过手动给出的,现在要求 CPU 自动从存储器读取指令并执行。CPU 从内存中取出一条机器指令到指令执行结束的一个指令周期全部由微指令组成的序列来完成,根据以上要求,设计数据通路图,如图 6-1-3 所示。

本实验在前一个实验的基础上增加了 3 个部件,一个是 PC(程序计数器),另一个是 AR(地址寄存器),还有就是 MEM(主存)。因此,在微指令中应增加相应的控制位,其微指令格式见表 6-1-1。

表 6-1-1 微指令格式

23	22	21	20	19	18—15	14—12	11—9	8—6	5—0
M23	M22	WR	RD	IOM	S3—S0	A 字段	B 字段	C 字段	MA5—MA0

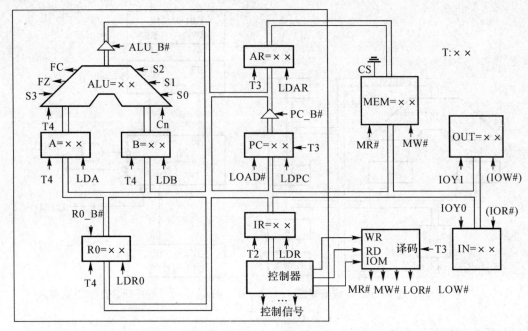

图 6-1-3 数据通路图

A 字段				B 字段				C 字段			
14	13	12	选择	11	10	9	选择	8	7	6	选择
0	0	0	NOP	0	0	0	NOP	0	0	0	NOP
0	0	1	LDA	0	0	1	ALU_B	0	0	1	P〈1〉
0	1	0	LDB	0	1	0	R0_B	0	1	0	保留
0	1	1	LDRO	0	1	1	保留	0	1	1	保留
1	0	0	保留	1	0	0	保留	1	0	0	保留
1	0	1	LOAD	1	0	1	保留	1	0	1	LDPC
1	1	0	LDAR	1	1	0	PC_B	1	1	0	保留
1	1	1	LDIR	1	1	1	保留	1	1	1	保留

　　这里涉及的微程序流程如图 6-1-4 所示,当拟定"取指"微指令时,该微指令的判别测试字段为 P〈1〉测试。指令译码原理如图 4-2-5 所示,由于"取指"微指令是所有微程序都使用的公用微指令,因此 P〈1〉的测试结果出现多路分支。本机用指令寄存器的高 6 位(IR7—IR2)作为测试条件,出现 5 路分支,占用 5 个固定微地址单元,剩下的其他地方就可以一条微指令占用控存一个微地址单元随意填写,微程序流程图上的单元地址为十六进制。

　　在全部微程序设计完毕后,应将每条微指令代码化,表 6-1-2 即为将图 6-1-4 的微程序流程图按微指令格式转化而成的"二进制微代码表"。

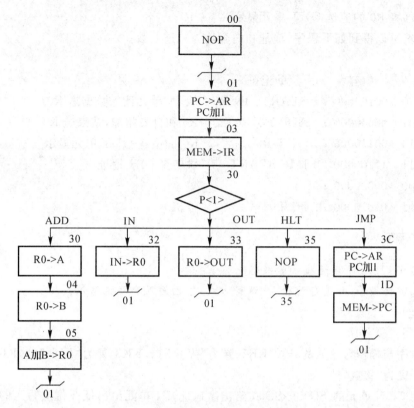

图 6 - 1 - 4 简单模型机微程序流程图

表 6 - 1 - 2 二进制微代码表

地址	十六进制	高五位	S3~S0	A 字段	B 字段	C 字段	MA5~MA0
00	00 00 01	00000	0000	000	000	000	000001
01	00 6D 43	00000	0000	110	110	101	000011
03	10 70 70	00010	0000	111	000	001	110000
04	00 24 05	00000	0000	010	010	000	000101
05	04 B2 01	00000	1001	011	001	000	000001
1D	10 51 41	00010	0000	101	000	101	000001
30	00 14 04	00000	0000	000	101	000	000100
32	18 30 01	00011	0000	011	000	000	000001
33	28 04 01	00101	0000	000	000	000	000001
35	00 00 35	00000	0000	000	000	000	110101
3C	00 6D 5D	00000	0000	110	110	101	011101

本实验设计一段机器程序,要求从 IN 单元读入一个数据,存于 R0,将 R0 和自身相加,结

果存于 R0,再将 R0 的值送 OUT 单元显示。

根据要求可以得到如下程序,地址和内容均为二进制数。

地址	内容	助记符	说明
00000000	00100000 ;	START: IN R0	从 IN 单元读入数据送 R0
00000001	00000000 ;	ADD R0,R0	R0 和自身相加,结果送 R0
00000010	00110000 ;	OUT R0	R0 的值送 OUT 单元显示
00000011	11100000 ;	JMP START	跳转至 00H 地址
00000100	00000000 ;		
00000101	01010000 ;	HLT	停机

【实验步骤】

1. 按图 6-1-5 所示连接实验线路

2. 写入实验程序,并进行校验,分两种方式,手动写入和联机写入

(1)手动写入和校验。

1)手动写入微程序。

① 将时序与操作台单元的开关 KK1 置为"停止"挡,KK3 置为"编程"挡,KK4 置为"控存"挡,KK5 置为"置数"挡。

② 使用 CON 单元的 SD05~SD00 给出微地址,IN 单元给出低 8 位应写入的数据,连续两次按动时序与操作台的开关 ST,将 IN 单元的数据写到该单元的低 8 位。

③ 将时序与操作台单元的开关 KK5 置为"加 1"挡。

④ IN 单元给出中 8 位应写入的数据,连续两次按动时序与操作台的开关 ST,将 IN 单元的数据写到该单元的中 8 位。IN 单元给出高 8 位应写入的数据,连续两次按动时序与操作台的开关 ST,将 IN 单元的数据写到该单元的高 8 位。

⑤ 重复①②③④4 步,将表 6-1-2 的微代码写入 2816 芯片中。

2)手动校验微程序。

① 将时序与操作台单元的开关 KK1 置为"停止"挡,KK3 置为"校验"挡,KK4 置为"控存"挡,KK5 置为"置数"挡。

② 使用 CON 单元的 SD05~SD00 给出微地址,连续两次按动时序与操作台的开关 ST,MC 单元的指数据指示灯 M7~M0 显示该单元的低 8 位。

③ 将时序与操作台单元的开关 KK5 置为"加 1"挡。

④ 连续两次按动时序与操作台的开关 ST,MC 单元的指数据指示灯 M15~M8 显示该单元的中 8 位,MC 单元的指数据指示灯 M23~M16 显示该单元的高 8 位。

⑤ 重复①②③④4 步,完成对微代码的校验。如果校验出微代码写入错误,重新写入、校验,直至确认微指令的输入无误为止。

3)手动写入机器程序。

① 将时序与操作台单元的开关 KK1 置为"停止"挡,KK3 置为"编程"挡,KK4 置为"主存"挡,KK5 置为"置数"挡。

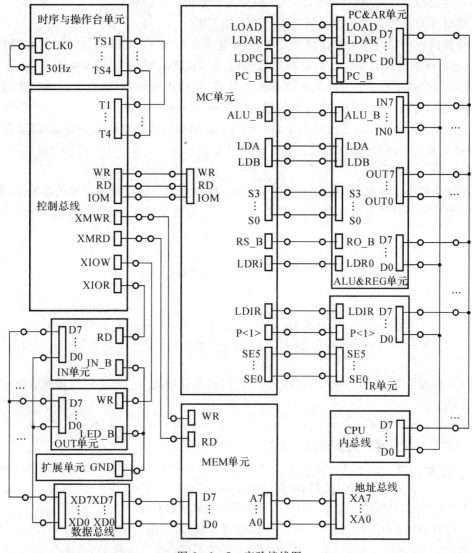

图 6 - 1 - 5 实验接线图

② 使用 CON 单元的 SD07～SD00 给出地址,IN 单元给出该单元应写入的数据,连续两次按动时序与操作台的开关 ST,将 IN 单元的数据写到该存储器单元。

③ 将时序与操作台单元的开关 KK5 置为"加 1"挡。

④ IN 单元给出下一地址(地址自动加 1)应写入的数据,连续两次按动时序与操作台的开关 ST,将 IN 单元的数据写到该单元中。然后地址又会自加 1,只需在 IN 单元输入后续地址的数据,连续两次按动时序与操作台的开关 ST,即可完成对该单元的写入。

⑤ 亦可重复①②两步,将所有机器指令写入主存芯片中。

4)手动校验机器程序。

①将时序与操作台单元的开关 KK1 置为"停止"挡,KK3 置为"校验"挡,KK4 置为"主存"挡,KK5 置为"置数"挡。

② 使用 CON 单元的 SD07～SD00 给出地址,连续两次按动时序与操作台的开关 ST,

CPU 内总线的指数据指示灯 D7～D0 显示该单元的数据。

③ 将时序与操作台单元的开关 KK5 置为"加 1"挡。

④ 连续两次按动时序与操作台的开关 ST，地址自动加 1，CPU 内总线的指数据指示灯 D7～D0 显示该单元的数据。此后每两次按动时序与操作台的开关 ST，地址自动加 1，CPU 内总线的指数据指示灯 D7～D0 显示该单元的数据，继续进行该操作，直至完成校验，如果发现错误，则返回写入，然后校验，直至确认输入的所有指令准确无误。

⑤ 亦可重复①②两步，完成对指令码的校验。如果校验出指令码写入错误，重新写入、校验，直至确认指令码的输入无误为止。

(2)联机写入和校验。

联机软件提供了微程序和机器程序下载功能，以代替手动读写微程序和机器程序，但是微程序和机器程序得以指定的格式写入到以 TXT 为后缀的文件中，微程序和机器程序的格式如下：

机器指令格式说明：
$P XX XX
— 机器指令代码
— 十六进制地址
— 机器指令标志

微指令格式说明：
$M XX XXXXXX
— 微指令代码
— 十六进制地址
— 微指令标志

本次实验程序如下，程序中分号";"为注释符，分号后面的内容在下载时将被忽略掉。

```
; //＊＊＊＊＊＊＊＊＊＊＊＊＊＊＊＊＊＊＊＊＊＊＊＊＊＊＊＊＊＊＊＊＊＊//
; //CPU 与简单模型机实验指令文件//
; //＊＊＊＊＊＊＊＊＊＊＊＊＊＊＊＊＊＊＊＊＊＊＊＊＊＊＊＊＊＊＊＊＊＊//
; //＊＊＊＊＊＊ Start Of Main Memory Data ＊＊＊＊＊＊ //
    $ P 00 20; START: IN  R0      从 IN 单元读入数据送 R0
    $ P 01 00; ADD R0,R0          R0 和自身相加,结果送 R0
    $ P 02 30; OUT R0             R0 的值送 OUT 单元显示
    $ P 03 E0; JMP                START 跳转至 00H 地址
    $ P 04 00;
    $ P 05 50; HLT                停机
; //＊＊＊＊＊＊ End Of Main Memory Data ＊＊＊＊＊＊ //

; //＊＊＊＊ Start Of MicroController Data ＊＊＊＊ //
    $ M 00 000001                 ; NOP
    $ M 01 006D43                 ; PC->AR,PC 加 1
    $ M 03 107070                 ; MEM->IR, P〈1〉
    $ M 04 002405                 ; R0->B
    $ M 05 04B201                 ; A 加 B->R0
    $ M 1D 105141                 ; MEM->PC
```

```
$ M 30 001404          ; R0->A
$ M 32 183001          ; IN->R0
$ M 33 280401          ; R0->OUT
$ M 35 000035          ; NOP
$ M 3C 006D5D          ; PC->AR,PC 加 1
; //＊＊ End Of MicroController Data ＊＊//
```

选择联机软件的"【转储】—【装载】"功能,在打开文件对话框中选择上面所保存的文件,软件自动将机器程序和微程序写入指定单元。

选择联机软件的"【转储】—【刷新指令区】"可以读出下位机所有的机器指令和微指令,并在指令区显示,对照文件检查微程序和机器程序是否正确,如果不正确,则说明写入操作失败,应重新写入。可以通过联机软件单独修改某个单元的指令,以修改微指令为例,先用鼠标左键单击指令区的"微存"TAB 按钮,然后再单击需修改单元的数据,此时该单元变为编辑框,输入6 位数据并按回车键,编辑框消失,并以红色显示写入的数据。

3. 运行程序

方法一:本机运行

将时序与操作台单元的开关 KK1,KK3 置为"运行"挡,按动 CON 单元的总清按钮 CLR,将使程序计数器 PC、地址寄存器 AR 和微程序地址为 00H,程序可以从头开始运行,暂存器A,B,指令寄存器 IR 和 OUT 单元也会被清零。

将时序与操作台单元的开关 KK2 置为"单步"挡,每按动一次 ST 按钮,即可单步运行一条微指令,对照微程序流程图,观察微地址显示灯是否和流程一致。每运行完一条微指令,观测一次 CPU 内总线和地址总线,对照数据通路图,分析总线上的数据是否正确。

在模型机执行完 JMP 指令后,检查 OUT 单元显示的数是否为 IN 单元值的 2 倍,按下CON 单元的总清按钮 CLR,改变 IN 单元的值,再次执行机器程序,从 OUT 单元显示的数判别程序执行是否正确。

方法二:联机运行

将时序与操作台单元的开关 KK1 和 KK3 置为"运行"挡,进入软件界面,选择菜单命令"【实验】—【简单模型机】",打开简单模型机数据通路图。

按动 CON 单元的总清按钮 CLR,然后通过软件运行程序,选择相应的功能命令,即可联机运行、监控、调试程序,在模型机执行完 JMP 指令后,检查 OUT 单元显示的数是否为 IN 单元值的 2 倍。在数据通路图和微程序流中观测指令的执行过程,并观测软件中地址总线、数据总线以及微指令显示和下位机是否一致。

【实验要求】

(1)阅读教材中有关控制器的相关知识,了解实验内容及要求。

(2)认真分析了解实验环境,熟知 CPU 内部的运算器(ALU)、微程序控制器(MC)、通用寄存器(R0)、指令寄存器(IR)、程序计数器(PC)和地址寄存器(AR)组成等各部分的基本组成和控制方法,以及主存和基本的 IO 部件的控制方法。

(3)认真理解实验中使用的 5 条机器指令所对应的微程序流程,将全部微程序按微指令格式变成二进制微代码,搞清楚每一步的微命令和它们所对应的微操作。

（4）根据仿真软件的数据通路，观察微程序执行过程中，数据在数据通路中的流动情况及各部分的有效控制信号。

（5）参考微程序流程图，分析微程序的过程是否正确。

（6）完成实验报告和实验题目，谈谈对实验的理解。

【思考题】

（1）描述微程序控制器从机器指令到微指令的工作过程。

（2）总结采用微程序控制器的 CPU 的基本组成和工作过程。

6.2　硬布线控制器模型机设计实验

【实验目的】

（1）掌握硬布线控制器的组成原理、设计方法。

（2）了解硬布线控制器和微程序控制器各自的优缺点。

【实验仪器及设备】

PC 机一台，TD-CMA 实验系统一套。

【实验原理】

硬布线控制器本质上是一种由门电路和触发器构成的复杂树形网络，它将输入逻辑信号转换成一组输出逻辑信号，即控制信号。硬布线控制器的输入信号：指令寄存器的输出、时序信号和运算结果标志状态信号等，输出的就是所有各部件需要的各种微操作信号。

硬布线控制器的设计思想：在硬布线控制器中，操作控制器发出的各种控制信号是时间因素和空间因素的函数。各个操作定时的控制构成了操作控制信号的时间特征，而各种不同部件的操作所需要的不同操作信号则构成了操作控制信号的空间特征。硬布线控制器就是把时间信号和操作信号组合，产生具有定时特点的控制信号。

简单模型机的控制器是微程序控制器，本实验中的模型机将用硬布线取代微程序控制器，其余部件和简单模型机的一样，因此其数据通路图也和简单模型机的一样（见图 6-1-3），机器指令也和简单模型机的机器指令一样，如下所示。

地址	内容	助记符	说明
00000000	00100000 ;	START: IN R0	从 IN 单元读入数据送 R0
00000001	00000000 ;	ADD R0,R0	R0 和自身相加，结果送 R0
00000010	00110000 ;	OUT R0	R0 的值送 OUT 单元显示
00000011	11100000 ;	JMP START	跳转至 00H 地址
00000100	00000000 ;		
00000101	01010000 ;	HLT	停机

根据指令要求,得出用时钟进行驱动的状态机描述,即得出其有限状态机,如图 6－2－1 所示。

下面分析每个状态中的基本操作：

S0:空操作,系统复位后的状态

S1:PC－>AR,PC＋1

S2:MEM－>BUS,BUS－>IR

S3:R0－>BUS,BUS－>A

S4:R0－>BUS,BUS－>B

S5:A 加 B－>BUS,BUS－>R0

S6:IN－>BUS,BUS－>R0

S7:R0－>BUS,BUS－>OUT

S8:空操作

S9:PC－>AR,PC＋1

S10:MEM－>BUS,BUS－>PC

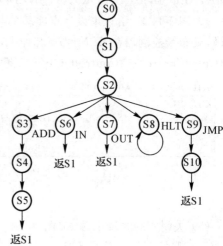

图 6－2－1 状态机描述

【实验任务】

(1)设计一段机器程序,要求从 IN 单元读入一个数据,存于 R0,将 R0 和自身相加,结果存于 R0,再将 R0 的值送 OUT 单元显示。

(2)用 VHDL 语言来设计本实验的状态机,使用 Quartus II 软件编辑 VHDL 文件并进行编译。

(3)用 PC 机提供仿真软件实现联机运行、监控,完成实验过程。

【实验步骤】

(1)分析每个状态所需的控制信号,并汇总成表,如表 6－2－1 所示。

表 6－2－1 控制信号表

状态号	控制信号
S0	0 0 0 0 0 0 0 0 1 0 0 1 1 0 1 0
S1	0 0 0 0 0 0 0 0 1 1 0 1 1 0 0 1
S2	0 1 0 0 0 0 0 0 1 0 1 1 1 0 1 0
S3	0 0 0 0 0 0 0 1 0 1 0 0 1 0 0 1 0
S4	0 0 0 0 0 0 0 1 1 0 0 1 0 0 1 0
S5	0 0 0 1 0 0 1 0 0 1 0 0 0 1 1 1 0
S6	0 1 1 0 0 0 0 0 1 0 0 1 1 1 1 0
S7	1 0 1 0 0 0 0 0 1 0 0 1 0 0 1 0
S8	0 0 0 0 0 0 0 0 1 0 0 1 1 0 1 0
S9	0 0 0 0 0 0 0 0 1 1 0 1 1 0 0 1
S10	0 1 0 0 0 0 0 0 0 0 0 0 1 1 0 1 1

控制信号由左至右,依次为 WR,RD,IOM,S3,S2,S1,S0,LDA,LDB,LOAD,LDAR,LDIR,ALU_B,R0_B,LDR0,PC_B,LDPC。

(2)用 VHDL 语言来设计本实验的状态机,使用 Quartus Ⅱ 软件编辑 VHDL 文件并进行编译,硬布线控制器在 EPM1270 芯片中对应的引脚如图 6-2-2 所示(本实验例程见"安装路径\Cpld\Controller\Controller. qpf"工程)。

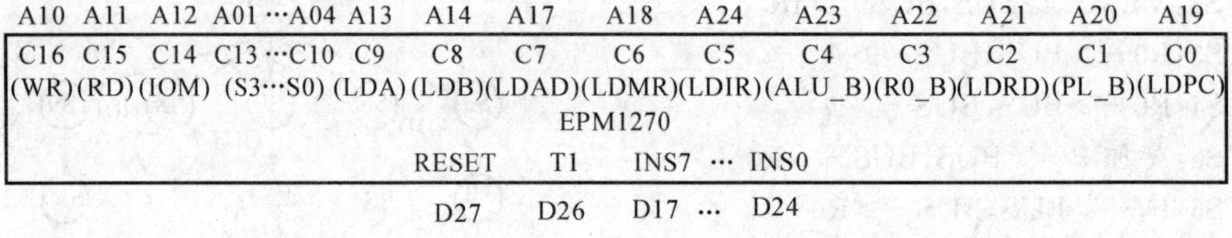

A10	A11	A12	A01 ···A04	A13	A14	A17	A18	A24	A23	A22	A21	A20	A19
C16	C15	C14	C13 ···C10	C9	C8	C7	C6	C5	C4	C3	C2	C1	C0
(WR)	(RD)	(IOM)	(S3···S0)	(LDA)	(LDB)	(LDAD)	(LDMR)	(LDIR)	(ALU_B)	(R0_B)	(LDRD)	(PL_B)	(LDPC)

EPM1270

RESET　　T1　　INS7 ··· INS0

D27　　D26　　D17 ··· D24

图 6-2-2　引脚分配图

(3) 关闭实验系统电源,按图 6-2-3 连接实验电路。注意:不要将 CPLD 扩展板上的"A09"引脚接至控制总线的"INTA",否则可能导致实验失败。

(4)打开实验系统电源,将生成的 POF 文件下载到 CPLD 单元的 EPM1270 中去。

(5)用本实验定义的机器指令系统,可具体编写多种应用程序,下面给出的是本次实验的例程,其程序的文件名以.TXT 为后缀。程序中分号";"为注释符,分号后面的内容在下载时将被忽略掉。

(6)进入软件界面,装载机器指令,选择菜单命令"【实验】—【简单模型机】",打开简单模型机数据通路图,按动 CON 单元的总清按钮 CLR,使程序计数器 PC 地址清零,控制器状态机回到 S0,程序从头开始运行,选择相应的功能命令,即可联机运行、监控、调试程序。

(7)在模型机执行完 JMP 指令后,检查 OUT 单元显示的数是否为 IN 单元值的 2 倍,按下 CON 单元的总清按钮 CLR,改变 IN 单元的值,再次执行机器程序,从 OUT 单元显示的数判别程序执行是否正确。

```
; //* * * * * * * * * * * * * * * * * * * * * * * * * * * * * * //
; //硬布线控制器模型机实验指令文件//
; //* * * * * * * * * * * * * * * * * * * * * * * * * * * * * * //


; //* * * * Start Of Main Memory Data * * * * //
  $ P 00 20; START: IN  R0      从 IN 单元读入数据送 R0
  $ P 01 00; ADD  R0,R0         0R0 和自身相加,结果送 R0
  $ P 02 30; OUT R0            R0 的值送 OUT 单元显示
  $ P 03 E0; JMP START          跳转至 START
  $ P 04 00;
  $ P 05 50; HLT               停机
; //* * * * * End Of Main Memory Data * * * * * //
```

【实验内容】

(1)阅读教材中有关硬布线控制器的相关知识,了解实验内容及要求。

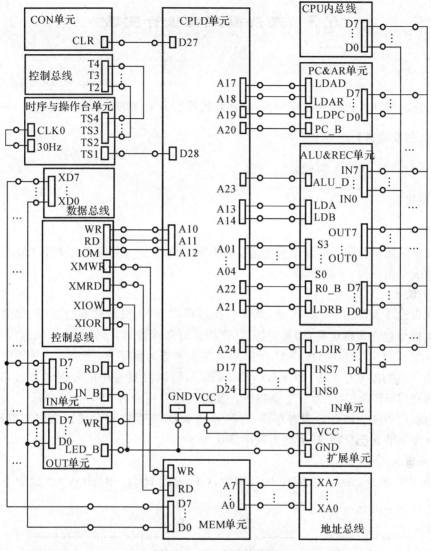

图 6 - 2 - 3　实验接线图

（2）认真分析了解实验环境，整理实验中涉及的 5 条机器指令所需的具有定时特点的控制信号，得出用时钟进行驱动的状态机描述，即得出其有限状态机，分析每个状态中的基本操作。

（3）对照控制信号表，认真理解实验中使用的 5 条机器指令产生的控制信号。

（4）实验中记录实验现象及实验过程中出现的问题及解决方法。

（5）完成实验报告和实验题目，谈谈对实验的理解。

【思考题】

（1）硬布线控制器产生控制的基本方法是什么？

（2）总结采用硬布线控制器的 CPU 的基本组成和工作过程。

6.3 复杂模型机设计实验

【实验目的】

综合运用所学计算机组成原理知识,设计并实现较为完整的计算机。

【实验仪器及设备】

PC 机一台,TD-CMA 实验系统一套。

【实验原理】

1. 数据格式

模型机采用定点补码表示法表示数据,字长为 8 位,8 位全用来表示数据(最高位不表示符号),数值表示范围是:$0 \leqslant X \leqslant 2^8 - 1$。

2. 指令设计

模型机设计 3 大类指令,共 15 条,其中包括运算类指令、控制转移类指令、数据传送类指令。运算类指令包含 3 种运算,即算术运算、逻辑运算和移位运算,设计有 6 条运算类指令,分别为 ADD,AND,INC,SUB,OR,RR,所有运算类指令都为单字节,寻址方式采用寄存器直接寻址。控制转移类指令有 3 条,即 HLT,JMP,BZC,用以控制程序的分支和转移,其中 HLT 为单字节指令,JMP 和 BZC 为双字节指令。数据传送类指令有 IN,OUT,MOV,LDI,LAD,STA 共 6 条,用以完成寄存器和寄存器、寄存器和 I/O、寄存器和存储器之间的数据交换,除 MOV 指令为单字节指令外,其余均为双字节指令。

3. 指令格式

所有单字节指令(ADD,AND,INC,SUB,OR,RR,HLT 和 MOV)格式如表 6-3-1 所示。

表 6-3-1

7 6 5 4	3 2	1 0
OP-CODE	RS	RD

其中,OP-CODE 为操作码,RS 为源寄存器,RD 为目的寄存器,并如表 6-3-2 所示规定。

表 6-3-2

RS 或 RD	选定的寄存器
00	R0
01	R1
10	R2
11	R3

IN 和 OUT 的指令格式如表 6-3-3 所示。

表 6-3-3

7 6 5 4(1)	3 2(1)	1 0(1)	7~0(2)
OP-CODE	RS	RD	P

表 6-3-3 中括号中的 1 表示指令的第一字节,2 表示指令的第二字节,OP-CODE 为操作码,RS 为源寄存器,RD 为目的寄存器,P 为 I/O 端口号,占用一个字节,系统的 I/O 地址译码原理如图 6-3-1 所示(在地址总线单元)。

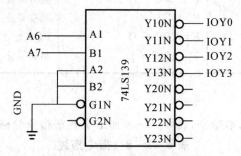

图 6-3-1　I/O 地址译码原理图

由于用的是地址总线的高两位进行译码,I/O 地址空间被分为 4 个区,如表 6-3-4 所示。

表 6-3-4　I/O 地址空间分配

A7　A6	选定	地址空间
00	IOY0	00~3F
01	IOY1	40~7F
10	IOY2	80~BF
11	IOY3	C0~FF

4. 寻址方式

系统设计 5 种数据寻址方式,即立即、直接、间接、变址和相对寻址,LDI 指令为立即寻址,LAD,STA,JMP 和 BZC 指令均具备直接、间接、变址和相对寻址能力。

LDI 的指令格式如表 6-3-5 所示,第一字节同前一样,第二字节为立即数。

表　6-3-5

7 6 5 4(1)	3 2(1)	1 0(1)	7~0(2)
OP-CODE	RS	RD	data

LAD,STA,JMP 和 BZC 指令格式如表 6-3-6 所示。

表 6-3-6

7 6 5 4(1)	3 2(1)	1 0(1)	7~0(2)
OP-CODE	M	RD	D

其中 M 为寻址模式,具体见表6-3-7,以 R2 作为变址寄存器 RI。

表6-3-7 寻址方式

寻址模式 M	有效地址 E	说明
00	E = D	直接寻址
01	E = (D)	间接寻址
10	E = (RI) + D	RI 变址寻址
11	E = (PC) + D	相对寻址

5. 指令系统

本模型机共有 15 条基本指令,表6-3-8列出了各条指令的格式、汇编符号、指令功能。

表6-3-8 指令描述

助记符号	指令格式				指令功能
MOV RD,RS	0100	RS	RD		RS→RD
ADD RD,RS	0000	RS	RD		RD+RS→RD
SUB RD,RS	1000	RS	RD		RD−RS→RD
AND RD,RS	0001	RS	RD		RD∧RS→RD
OR RD,RS	1001	RS	RD		RD∨RS→RD
RR RD,RS	1010	RS	RD		RS 右环移→RD
INC RD	0111	**	RD		RD+1→RD
LAD M D,RD	1100	M	RD	D	E→RD
STA M D,RS	1101	M	RD	D	RD→E
JMP M D	1110	M	**	D	E→PC
BZC M D	1111	M	**	D	当 FC 或 FZ=1 时,E→PC
IN RD,P	0010	**	RD	P	[P]→RD
OUT P,RS	0011	RS	**	P	RS→[P]
LDI RD,D	0110	M	**	D	D→RD
HALT	0101	**	**		停机

【总体设计】

本模型机的数据通路框图如图 6-3-2 所示。

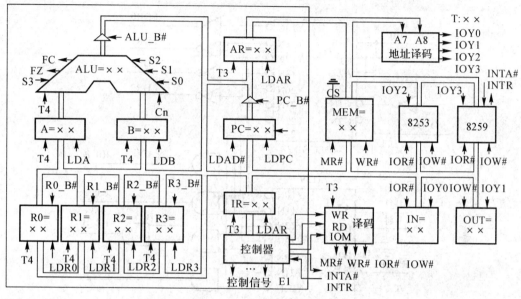

图 6-3-2　数据通路框图

　　和前面的实验相比,复杂模型机实验指令多,寻址方式多,只用一种测试已不能满足设计要求,为此指令译码电路需要重新设计,如图 6-3-3 所示在 IR 单元的 INS_DEC 中实现。寄存器译码如图 6-3-4 所示。

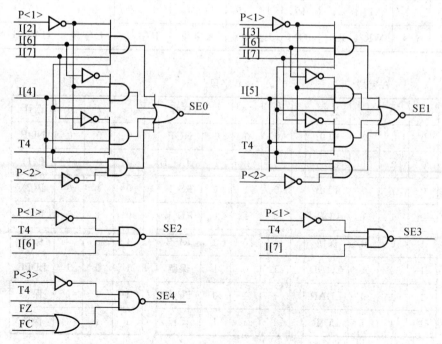

图 6-3-3　指令译码原理图

根据机器指令系统要求,设计微程序流程图及确定微地址,如图6-3-5所示。按照系统建议的微指令格式,见表6-3-4,参照微指令流程图,将每条微指令代码化,译成二进制代码表,见表6-3-5,并将二进制代码表转换为联机操作时的十六进制格式文件。

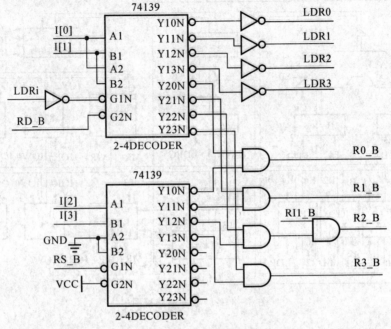

图6-3-4 寄存器译码原理

表6-3-9 二进制代码表

23	22	21	20	19	18~15	14~12	11~9	8~6	5~0
M23	CN	WR	RD	IOM	S3 - S0	A 字段	B 字段	C 字段	UA5 - UA0

A 字段				B 字段				C 字段			
14	13	12	选择	11	10	9	选择	8	7	6	选择
0	0	0	NOP	0	0	0	NOP	0	0	0	NOP
0	0	1	LDA	0	0	1	ALU_B	0	0	1	P〈1〉
0	1	0	LDB	0	1	0	RS_B	0	1	0	P〈2〉
0	1	1	LDRi	0	1	1	RD_B	0	1	1	P〈3〉
1	0	0	保留	1	0	0	RI_B	1	0	0	保留
1	0	1	LOAD	1	0	1	保留	1	0	1	LDPC
1	1	0	LDAR	1	1	0	PC_B	1	1	0	保留
1	1	1	LDIR	1	1	1	保留	1	1	1	保留

　　根据机器指令系统要求,设计微程序流程图及确定微地址,如图 6-3-5 所示。按照系统建议的微指令格式(见表 6-3-9),参照微指令流程图,将每条微指令代码化,译成二进制代码表(见表 6-3-10),并将二进制代码表转换为联机操作时的十六进制格式文件。

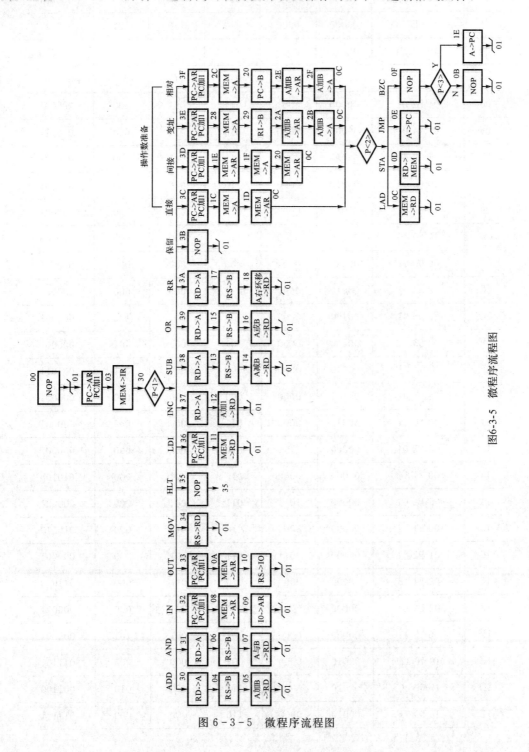

图 6-3-5　微程序流程图

表 6 - 3 - 10   二进制代码表

地址	十六进制表示	高五位	S3~S0	A 字段	B 字段	C 字段	UA5~UA0
00	00 00 01	00000	0000	000	000	000	000001
01	00 6D 43	00000	0000	110	110	101	000011
03	10 70 70	00010	0000	111	000	001	110000
04	00 24 05	00000	0000	010	011	000	000101
05	04 B2 01	00000	1001	011	001	000	000001
06	00 24 07	00000	0000	010	011	000	000111
07	01 32 01	00000	0010	011	001	000	000001
08	10 60 09	00010	0000	110	000	000	001001
09	18 30 01	00011	0000	011	000	000	000001
0A	10 60 10	00010	0000	110	000	000	010000
0B	00 00 01	00000	0000	000	000	000	000001
0C	10 30 01	00010	0000	011	000	000	000001
0D	20 06 01	00100	0000	000	001	100	000001
0E	00 53 41	00000	0000	101	001	101	000001
0F	00 00 CB	00000	0000	000	000	011	001011
10	28 04 01	00101	0000	000	010	000	000001
11	10 30 01	00010	0000	011	000	000	000001
12	06 B2 01	00000	1101	011	001	000	000001
13	00 24 14	00000	0000	010	011	000	010100
14	05 B2 01	00000	1011	011	001	000	000001
15	00 24 16	00000	0000	010	011	000	010110
16	01 B2 01	00000	0011	011	001	000	000001
17	00 24 18	00000	0000	010	011	000	011000
18	02 B2 01	00000	0101	011	001	000	000001
1B	00 53 41	00000	0000	101	001	101	000001
1C	10 10 1D	00010	0000	001	000	000	011101
1D	10 60 8C	00010	0000	110	000	010	001100
1E	10 60 1F	00010	0000	110	000	000	011111

续 表

地址	十六进制表示	高五位	S3~S0	A 字段	B 字段	C 字段	UA5~UA0
1F	10 10 20	00010	0000	001	000	000	100000
20	10 60 8C	00010	0000	110	000	010	001100
28	10 10 29	00010	0000	001	000	000	101001
29	00 28 2A	00000	0000	010	100	000	101010
2A	04 E2 2B	00000	1001	110	001	000	101011
2B	04 92 8C	00000	1001	001	001	010	001100
2C	10 10 2D	00010	0000	001	000	000	101101
2D	00 2C 2E	00000	0000	010	110	000	101110
2E	04 E2 2F	00000	1001	110	001	000	101111
2F	04 92 8C	00000	1001	001	001	010	001100
30	00 16 04	00000	0000	001	011	000	000100
31	00 16 06	00000	0000	001	011	000	000110
32	00 6D 48	00000	0000	110	110	101	001000
33	00 6D 4A	00000	0000	110	110	101	001010
34	00 34 01	00000	0000	011	010	000	000001
35	00 00 35	00000	0000	000	000	000	110101
36	00 6D 51	00000	0000	110	110	101	010001
37	00 16 12	00000	0000	001	011	000	010010
38	00 16 13	00000	0000	001	011	000	010011
39	00 16 15	00000	0000	001	011	000	010101
3A	00 16 17	00000	0000	001	011	000	010111
3B	00 00 01	00000	0000	000	000	000	000001
3C	00 6D 5C	00000	0000	110	110	101	011100
3D	00 6D 5E	00000	0000	110	110	101	011110
3E	00 6D 68	00000	0000	110	110	101	101000
3F	00 6D 6C	00000	0000	110	110	101	101100

　　根据现有指令,在模型机上实现以下运算:从 IN 单元读入一个数据,根据读入数据的低 4 位值 X,求 $1+2+\cdots+X$ 的累加和,01H 到 0FH 共 15 个数据存于 60H 到 6EH 单元。根据要

求可以得到如下程序,地址和内容均为二进制数。

地址	内容	助记符	说明
00000000	00100000 ;	START：IN R0,00H	从 IN 单元读入计数初值
00000001	00000000		
00000010	01100001 ;	LDI R1,0FH	立即数 0FH 送 R1
00000011	00001111		
00000100	00010100 ;	AND R0,R1	得到 R0 低四位
00000101	01100001 ;	LDI R1,00H	装入和初值 00H
00000110	00000000		
00000111	11110000 ;	BZC RESULT	计数值为 0 则跳转
00001000	00010110		
00001001	01100010 ;	LDI R2,60H	读入数据始地址
00001010	01100000		
00001011	11001011 ;	LOOP：LAD R3,[RI],00H	从 MEM 读入数据送 R3, 变址寻址,偏移量为 00H
00001100	00000000		
00001101	00001101 ;	ADD R1,R3	累加求和
00001110	01110010 ;	INC RI	变址寄存加 1,指向下一数据
00001111	01100011 ;	LDI R3,01H	装入比较值
00010000	00000001		
00010001	10001100 ;	SUB R0,R3	
00010010	11110000 ;	BZC RESULT	相减为 0,表示求和完毕
00010011	00010110		
00010100	11100000 ;	JMP LOOP	未完则继续
00010101	00001011		
00010110	11010001 ;	RESULT：STA 70H,R1	和存于 MEM 的 70H 单元
00010111	01110000		
00011000	00110100 ;	OUT 40H,R1	和在 OUT 单元显示
00011001	01000000		
00011010	11100000 ;	JMP START	跳转至 START
00011011	00000000		
00011100	01010000 ;	HLT 停机	
01100000	00000001 ;	数据	
01100001	00000010		
01100010	00000011		
01100011	00000100		
01100100	00000101		
01100101	00000110		
01100110	00000111		

01100111　00001000

01101000　00001001

01101001　00001010

01101010　00001011

01101011　00001100

01101100　00001101

01101101　00001110

01101110　00001111

【实验步骤】

1．按图6-3-6所示连接实验线路,仔细检查接线后打开实验箱电源

2．写入实验程序,并进行校验,分两种方式,手动写入和联机写入

(1)手动写入和校验。

1)手动写入微程序。

① 将时序与操作台单元的开关 KK1 置为"停止"挡,KK3 置为"编程"挡,KK4 置为"控存"挡,KK5 置为"置数"挡。

② 使用 CON 单元的 SD05～SD00 给出微地址,IN 单元给出低 8 位应写入的数据,连续两次按动时序与操作台的开关 ST,将 IN 单元的数据写到该单元的低 8 位。

③ 将时序与操作台单元的开关 KK5 置为"加 1"挡。

④ IN 单元给出中 8 位应写入的数据,连续两次按动时序与操作台的开关 ST,将 IN 单元的数据写到该单元的中 8 位。IN 单元给出高 8 位应写入的数据,连续两次按动时序与操作台的开关 ST,将 IN 单元的数据写到该单元的高 8 位。

⑤ 重复①②③④4 步,将表 6-3-10 中的微代码写入 2816 芯片中。

2)手动校验微程序。

① 将时序与操作台单元的开关 KK1 置为"停止"挡,KK3 置为"校验"挡,KK4 置为"控存"挡,KK5 置为"置数"挡。

② 使用 CON 单元的 SD05～SD00 给出微地址,连续两次按动时序与操作台的开关 ST,MC 单元的指数据指示灯 M7～M0 显示该单元的低 8 位。

③ 将时序与操作台单元的开关 KK5 置为"加 1"挡。

④ 连续两次按动时序与操作台的开关 ST,MC 单元的指数据指示灯 M15～M8 显示该单元的中 8 位,MC 单元的指数据指示灯 M23～M16 显示该单元的高 8 位。

⑤ 重复①②③④4 步,完成对微代码的校验。如果校验出微代码写入错误,重新写入、校验,直至确认微指令的输入无误为止。

3)手动写入机器程序。

① 将时序与操作台单元的开关 KK1 置为"停止"挡,KK3 置为"编程"挡,KK4 置为"主存"挡,KK5 置为"置数"挡。

② 使用 CON 单元的 SD7～SD0 给出地址,IN 单元给出该单元应写入的数据,连续两次按动时序与操作台的开关 ST,将 IN 单元的数据写到该存储器单元。

③ 将时序与操作台单元的开关 KK5 置为"加 1"挡。

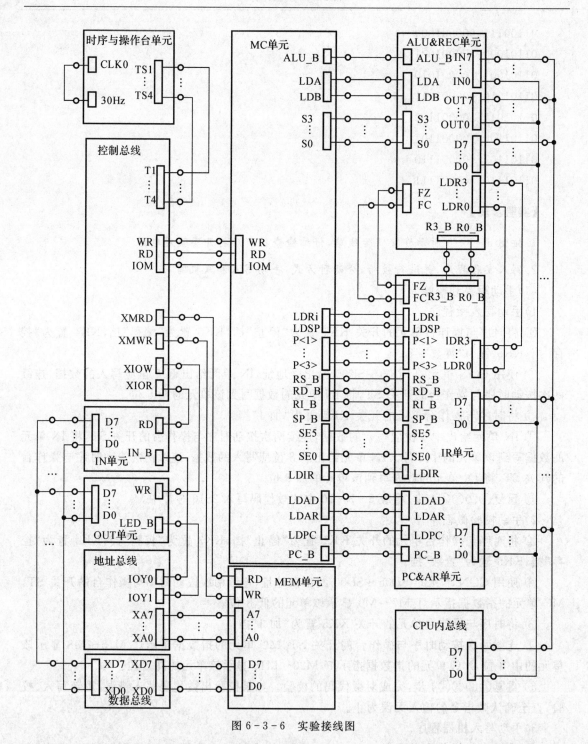

图 6 - 3 - 6 实验接线图

④ IN 单元给出下一地址(地址自动加 1)应写入的数据,连续两次按动时序与操作台的开关 ST,将 IN 单元的数据写到该单元中。然后地址又会加 1,只需在 IN 单元输入后续地址的数据,连续两次按动时序与操作台的开关 ST,即可完成对该单元的写入。

⑤ 亦可重复①②两步,将所有机器指令写入主存芯片中。

4) 手动校验机器程序。

① 将时序与操作台单元的开关 KK1 置为"停止"挡,KK3 置为"校验"挡,KK4 置为"主存"挡,KK5 置为"置数"挡。

② 使用 CON 单元的 SD7～SD0 给出地址,连续两次按动时序与操作台的开关 ST,CPU 内总线的指数据指示灯 D7～D0 显示该单元的数据。

③ 将时序与操作台单元的开关 KK5 置为"加 1"挡。

④ 连续两次按动时序与操作台的开关 ST,地址自动加 1,CPU 内总线的指数据指示灯 D7～D0 显示该单元的数据。此后每两次按动时序与操作台的开关 ST,地址自动加 1,CPU 内总线的数据指示灯 D7～D0 显示该单元的数据,继续进行该操作,直至完成校验,如发现错误,则返回写入,然后校验,直至确认输入的所有指令准确无误。

⑤ 亦可重复①②两步,完成对指令码的校验。如果校验出指令码写入错误,重新写入、校验,直至确认指令的输入无误为止。

(2) 联机写入和校验。联机软件提供了微程序和机器程序下载功能,以代替手动读写微程序和机器程序,但是微程序和机器程序得以指定的格式写入到以 TXT 为后缀的文件中。本次实验程序如下,程序中分号";"为注释符,分号后面的内容在下载时将被忽略掉。

```
; // * * * * * * * * * * * * * * * * * * * * * * * * * * * * * * * * //
; //复杂模型机实验指令文件 //
; // * * * * * * * * * * * * * * * * * * * * * * * * * * * * * * * * //
; // * * * * * * Start Of Main Memory Data * * * * * * //
$ P 00 20 ;      START：IN R0,00H        从 IN 单元读入计数初值
$ P 01 00
$ P 02 61；      LDI R1,0FH             立即数 0FH 送 R1
$ P 03 0F
$ P 04 14 ；     AND R0,R1              得到 R0 低四位
$ P 05 61；      LDI R1,00H             装入和初值 00H
$ P 06 00
$ P 07 F0；      BZC RESULT             计数值为 0 则跳转
$ P 08 16
$ P 09 62；      LDI R2,60H             读入数据始地址
$ P 0A 60
$ P 0B CB；      LOOP：LAD R3,[RI],00H
                                        从 MEM 读入数据送 R3,变址寻址,偏移量
                                        为 00H
$ P 0C 00
$ P 0D 0D；      ADD R1,R3              累加求和
$ P 0E 72 ；     INC RI                 变址寄存加 1,指向下一数据
$ P 0F 63 ；     LDI R3,01H             装入比较值
$ P 10 01
$ P 11 8C ；     SUB R0,R3
```

```
$ P 12 F0 ;      BZC RESULT           相减为 0,表示求和完毕
$ P 13 16
$ P 14 E0 ;      JMP LOOP             未完则继续
$ P 15 0B
$ P 16 D1 ;      RESULT：STA 70H,R1   和存于 MEM 的 70H 单元
$ P 17 70
$ P 18 34 ;      OUT 40H,R1           和在 OUT 单元显示
$ P 19 40
$ P 1A E0 ;      JMP START            跳转至 START
$ P 1B 00
$ P 1C 50 ;      HLT                  停机
$ P 60 01 ;                           数据
$ P 61 02
$ P 62 03
$ P 63 04
$ P 64 05
$ P 65 06
$ P 66 07
$ P 67 08
$ P 68 09
$ P 69 0A
$ P 6A 0B
$ P 6B 0C
$ P 6C 0D
$ P 6D 0E
$ P 6E 0F
; // * * * * * End Of Main Memory Data * * * * * //
; // * * Start Of MicroController Data * * //
$ M 00 000001 ; NOP
$ M 01 006D43 ; PC->AR, PC 加 1
$ M 03 107070 ; MEM->IR, P<1>
$ M 04 002405 ; RS->B
$ M 05 04B201 ; A 加 B->RD
$ M 06 002407 ; RS->B
$ M 07 013201 ; A 与 B->RD
$ M 08 106009 ; MEM->AR
$ M 09 183001 ; I0->RD
$ M 0A 106010 ; MEM->AR
$ M 0B 000001 ; NOP
```

$ M 0C 103001 ; MEM—>RD

$ M 0D 200601 ; RD—>MEM

$ M 0E 005341 ; A—>PC

$ M 0F 0000CB ; NOP, P<3>

$ M 10 280401 ; RS—>IO

$ M 11 103001 ; MEM—>RD

$ M 12 06B201 ; A 加 1—>RD

$ M 13 002414 ; RS—>B

$ M 14 05B201 ; A 减 B—>RD

$ M 15 002416 ; RS—>B

$ M 16 01B201 ; A 或 B—>RD

$ M 17 002418 ; RS—>B

$ M 18 02B201 ; A 右环移—>RD

$ M 1B 005341 ; A—>PC

$ M 1C 10101D ; MEM—>A

$ M 1D 10608C ; MEM—>AR, P<2>

$ M 1E 10601F ; MEM—>AR

$ M 1F 101020 ; MEM—>A

$ M 20 10608C ; MEM—>AR, P<2>

$ M 28 101029 ; MEM—>A

$ M 29 00282A ; RI—>B

$ M 2A 04E22B ; A 加 B—>AR

$ M 2B 04928C ; A 加 B—>A, P<2>

$ M 2C 10102D ; MEM—>A

$ M 2D 002C2E ; PC—>B

$ M 2E 04E22F ; A 加 B—>AR

$ M 2F 04928C ; A 加 B—>A, P<2>

$ M 30 001604 ; RD—>A

$ M 31 001606 ; RD—>A

$ M 32 006D48 ; PC—>AR, PC 加 1

$ M 33 006D4A ; PC—>AR, PC 加 1

$ M 34 003401 ; RS—>RD

$ M 35 000035 ; NOP

$ M 36 006D51 ; PC—>AR, PC 加 1

$ M 37 001612 ; RD—>A

$ M 38 001613 ; RD—>A

$ M 39 001615 ; RD—>A

$ M 3A 001617 ; RD—>A

$ M 3B 000001 ; NOP

$M 3C 006D5C；PC—>AR，PC 加 1

$M 3D 006D5E；PC—>AR，PC 加 1

$M 3E 006D68；PC—>AR，PC 加 1

$M 3F 006D6C；PC—>AR，PC 加 1

选择联机软件的"【转储】—【装载】"功能，在打开文件对话框中选择上面所保存的文件，软件自动将机器程序和微程序写入指定单元。

选择联机软件的"【转储】—【刷新指令区】"可以读出下位机所有的机器指令和微指令，并在指令区显示，对照文件检查微程序和机器程序是否正确，如果不正确，则说明写入操作失败，应重新写入。可以通过联机软件单独修改某个单元的指令，以修改微指令为例，先用鼠标左键单击指令区的"微存"TAB 按钮，然后再单击需修改单元的数据，此时该单元变为编辑框，输入 6 位数据并按回车键，编辑框消失，并以红色显示写入的数据。

3. 运行程序

方法一：本机运行

将时序与操作台单元的开关 KK1，KK3 置为"运行"挡，按动 CON 单元的总清按钮 CLR，将使程序计数器 PC、地址寄存器 AR 和微程序地址为 00H，程序可以从头开始运行，暂存器 A，B，指令寄存器 IR 和 OUT 单元也会被清零。

将时序与操作台单元的开关 KK2 置为"单步"挡，每按动一次 ST 按钮，即可单步运行一条微指令，对照微程序流程图，观察微地址显示灯是否和流程一致。每运行完一条微指令，观测一次数据总线和地址总线，对照数据通路图，分析总线上的数据是否正确。

在模型机执行完 OUT 指令后，检查 OUT 单元显示的数是否正确，按下 CON 单元的总清按钮 CLR，改变 IN 单元的值，再次执行机器程序，从 OUT 单元显示的数判别程序执行是否正确。

方法二：联机运行：进入软件界面，选择菜单命令"【实验】—【复杂模型机】"，打开复杂模型机实验数据通路图，选择相应的功能命令，即可联机运行、监控、调试程序。

按动 CON 单元的总清按钮 CLR，然后通过软件运行程序，在模型机执行完 OUT 指令后，检查 OUT 单元显示的数是否正确。在数据通路图和微程序流中观测指令的执行过程，并观测软件中地址总线、数据总线以及微指令显示和下位机是否一致。

【实验要求】

(1)认真阅读本节内容，比较与简单模型计算机的区别。

(2)认真理解实验中使用的 15 条机器指令所对应的微程序流程，将全部微程序按微指令格式变成二进制微代码，搞清楚每一步的微命令和它们所对应的微操作。

(3)根据仿真软件的数据通路，观察微程序执行过程中，数据在数据通路中的流动情况及各部分的有效控制信号。

(4)参考微程序流程图，判断微程序的过程是否正确。

(5)完成实验报告和实验题目，谈谈对实验的理解。

【思考题】

如何设计新指令系统？总结设计复杂模型机的工作过程。

第7章 输入、输出系统

计算机的输入、输出系统也称为 I/O 系统,包括外围设备、设备控制器、I/O 接口以及一些专门为输入、输出操作而设计的软件和硬件。

本章要在前面模型机的基础上,对 I/O 接口进行扩展,丰富模型机的功能。为此安排了三个实验:带中断处理能力的模型机设计实验,带 DMA 控制功能的模型机设计实验和典型 I/O 接口 8253 扩展实验。

7.1 带中断处理能力的模型机设计实验

【实验目的】

(1)掌握中断原理及其响应流程。

(2)掌握 8259 中断控制器原理及其应用编程。

【实验仪器及设备】

PC 机一台,TD-CMA 实验系统一套。

【实验原理】

8259 的引脚分配图如图 7-1-1 所示。

8259 芯片引脚说明如下:

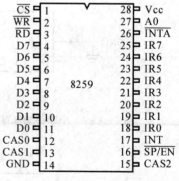

图 7-1-1 8259 芯片引脚说明

- D7~D0 为双向三态数据线。

- $\overline{CS}$ 为片选信号线。

- A0 为用来选择芯片内部不同的寄存器,通常接至地址总线的 A0。

- $\overline{RD}$ 为读信号线,低电平有效,其有效时控制信息从 8259 读至 CPU。

- $\overline{WR}$ 为写信号线,低电平有效,其有效时控制信息从 CPU 写入至 8259。

- $\overline{SP}/EN$ 为从程序/允许缓冲。

- $\overline{INTA}$ 为中断响应输入。

- INT 中断输出。

- IR0~IR7 为 8 条外界中断请求输入线。

- CAS2~CAS0 级连信号线。

$\overline{CS}$,A0,$\overline{RD}$,$\overline{WR}$,D4,D3 位的电平与 8259 操作关系如表 7-1-1 所示。

表 7 - 1 - 1 8259A 的读/写操作

AO	D4	D3	$\overline{RD}$	$\overline{WR}$	$\overline{CS}$	操　作
						输入操作（读）
0			0	1	0	IRR,ISR 或中断级别→数据总线
1			0	1	0	IMR 数据总线
						输出操作（写）
0	0	0	1	0	0	数据总线→OCW2
0	0	1	1	0	0	数据总线→OCW3
0	1	X	1	0	0	数据总线→OCW1
1	X	X	1	0	0	数据总线→ICW1,ICW2,ICW3,ICW4
						断开功能
X	X	X	1	1	0	数据总线→三态（无操作）
X	X	X	X	X	1	数据总线→三态（无操作）

CPU 必须有一个中断使能寄存器,并且可以通过指令对该寄存器进行操作,其原理如图 7 - 1 - 2 所示。CPU 开中断指令 STI 对其置 1,而 CPU 关中断指令 CLI 对其置 0。

8259 的数据线 D7,…,D0 挂接到数据总线,地址线 A0 挂接到地址总线的 A0 上,片选信号 CS 接控制总线的 IOY3,IOY3 由地址总线的高 2 位译码产生,其地址分配见表 7 - 1 - 2,RD,WR （实验箱上丝印为 XIOR 和 XIOW）接 CPU 给出的读写信号,8259 和系统的连接如图 7 - 1 - 3 所示。

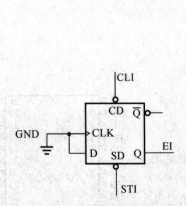

图 7 - 1 - 2 中断使能寄存器原理图

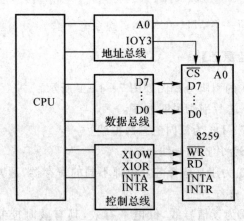

图 7 - 1 - 3 8259 和 CPU 连接图

表 7 - 1 - 2 I/O 地址空间分配

A7　A6	选定	地址空间
00	IOY0	00～3F
01	IOY1	40～7F
10	IOY2	80～BF
11	IOY3	C0～FF

本实验要求设计的模型计算机具备类似 Intel X86 的中断功能,当外部中断请求有效、CPU 允许中断,且在一条指令执行完时,CPU 将响应中断。当 CPU 响应中断时,将会向 8259 发送两个连续的 $\overline{\text{INTA}}$ 信号,请注意,8259 是在接收到第一个 $\overline{\text{INTA}}$ 信号后锁住向 CPU 的中断请求信号 INTR(高电平有效),并且在第二个 $\overline{\text{INTA}}$ 信号到达后将其变为低电平(自动 EOI 方式),因此,中断请求信号 IR0 应该维持一段时间,直到 CPU 发送出第一个 $\overline{\text{INTA}}$ 信号,这才是一个有效的中断请求。8259 在收到第二个 $\overline{\text{INTA}}$ 信号后,就会将中断信号发送到数据总线,CPU 读取中断信号,并转入相应的中断处理程序中。

系统的指令译码电路是在 IR 单元的 INS_DEC(GAL20V8)中实现的,如图 7-1-4 所示。和前面复杂模型机实验指令译码电路相比,主要增加了对中断的支持,当 INTR(有中断请求)和 EI(CPU 允许中断)均为 1,且 P<4>测试有效,那么在 T4 节拍时,微程式序就会产生中断响应分支,从而使得 CPU 能响应中断。

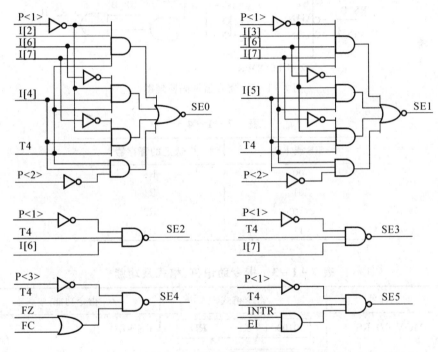

图 7-1-4　指令译码原理图

在中断过程中需要有现场保护,而且在编程的过程中也需要一些压栈或弹栈操作,因此还须设置一个堆栈,由 R3 做堆栈指针。系统的寄存器译码电路如图 7-1-5 所示,在 IR 单元的 REG_DEC(GAL16V8)中实现,和前面复杂模型机实验寄存器译码电路相比,增加了一个或门和一个与门,用以支持堆栈操作。

本模型机共设计 16 条指令,表 7-1-3 列出了基本指令的格式、助记符及其功能。其中,D 为立即数,P 为外设的端口地址,RS 为源寄存器,RD 为目的寄存器,并规定如表 7-1-4 所示。

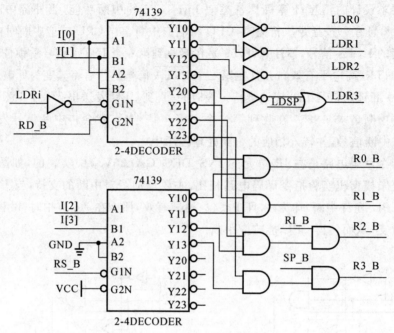

图 7-1-5 寄存器译码原理图

表 7-1-4

RS 或 RD	选定的寄存器
00	R0
01	R1
10	R2
11	R3

表 7-1-3 指令助记符、格式及功能

助记符号	指令格式			指令功能
MOV RD,RS	0100	RS	RD	RS→RD
ADD RD,RS	0000	RS	RD	RD＋RS→RD
AND RD,RS	0001	RS	RD	RD∧RS→RD
STI	0111	＊＊	＊＊	CPU 开中断
CLI	1000	＊＊	＊＊	CPU 关中断
PUSH RS	1001	RS	＊＊	RS→堆栈
POP RD	1010	＊＊	RD	堆栈→RD
IRET	1011	＊＊	＊＊	中断返回

续　表

助记符号	指令格式				指令功能
LAD M D,RD	1100	M	RD	D	E→RD
STA M D,RS	1101	M	RD	D	RD→E
JMP M D	1110	M	＊＊	D	E→PC
BZC M D	1111	M	＊＊	D	当 FC 或 FC=1 时，E→PC
IN RD,P	0010	＊＊	RD	P	[P]→RD
OUT P,RS	0011	RS	＊＊	P	RS→[P]
LDI RD,D	0110	＊＊	RD	D	D→RD
HALT	0101	＊＊		＊＊	停机

设定微指令格式，如表 7-1-5 所示。

表 7-1-5　微指令格式

23	22	21	20	19	18～15	14～12	11～9	8～6	5～0
M23	TNTA	WR	RD	IOM	S3 - S0	A 字段	B 字段	C 字段	MA5 - MA0

A 字段　　　　　　　　　B 字段　　　　　　　　　C 字段

14	13	12	选择
0	0	0	NOP
0	0	1	LDA
0	1	0	LDB
0	1	1	LDRi
1	0	0	LDSP
1	0	1	LOAD
1	1	0	LDAR
1	1	1	LDIR

11	10	9	选择
0	0	0	NOP
0	0	1	ALU_B
0	1	0	RS_B
0	1	1	RD_B
1	0	0	RI_B
1	0	1	SP_B
1	1	0	PC_B
1	1	1	保留

8	7	6	选择
0	0	0	NOP
0	0	1	P〈1〉
0	1	0	P〈2〉
0	1	1	P〈3〉
1	0	0	P〈4〉
1	0	1	LDPC
1	1	0	STI
1	1	1	CLI

根据指令系统要求，设计微程序流程及确定微地址，并得到微程序流程图，如图 7-1-6 所示。

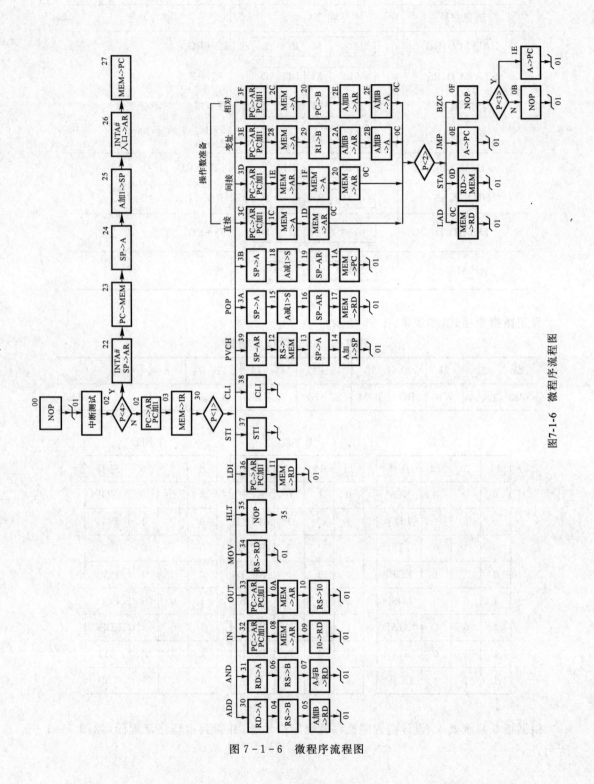

图 7-1-6 微程序流程图

参照微程序流程图,将每条微指令代码化,译成二进制微代码表,如表 7-1-6 所示。

表 7-1-6　二进制微代码表

地址	十六进制表示	高五位	S3～S0	A 字段	B 字段	C 字段	UA5～UA0
00	00 01 C1	00000	0000	000	000	111	000001
01	00 01 02	00000	0000	000	000	100	000010
02	00 6D 43	00000	0000	110	110	101	000011
03	10 70 70	00010	0000	111	000	001	110000
04	00 24 05	00000	0000	010	011	000	000101
05	04 B2 01	00000	1001	011	001	000	000001
06	00 24 07	00000	0000	010	011	000	000111
07	01 32 01	00000	0010	011	001	000	000001
08	10 60 09	00010	0000	110	000	000	001001
09	18 30 01	00011	0000	011	000	000	000001
0A	10 60 10	00010	0000	110	000	000	010000
0B	00 00 01	00000	0000	000	000	000	000001
0C	10 30 01	00010	0000	011	000	000	000001
0D	20 06 01	00100	0000	000	001	100	000001
0E	00 53 41	00000	0000	101	001	101	000001
0F	00 00 CB	00000	0000	000	000	011	001011
10	28 04 01	00101	0000	000	010	000	000001
11	10 30 01	00010	0000	011	000	000	000001
12	20 04 13	00100	0000	000	010	000	010011
13	00 1A 14	00000	0000	001	101	000	010100
14	06 C2 01	00000	1101	100	001	000	000001
15	06 42 16	00000	1100	100	001	000	010110
16	00 6A 17	00000	0000	110	101	000	010111
17	10 30 01	00010	0000	011	000	000	000001
18	06 42 19	00000	1100	100	001	000	011001
19	00 6A 1A	00000	0000	110	101	000	011010
1A	10 51 41	00010	0000	101	000	101	000001
1B	00 53 41	00000	0000	101	001	101	000001

续 表

地址	十六进制表示	高五位	S3~S0	A 字段	B 字段	C 字段	UA5~UA0
1C	10 10 1D	00010	0000	001	000	000	011101
1D	10 60 8C	00010	0000	110	000	010	001100
1E	10 60 1F	00010	0000	110	000	000	011111
1F	10 10 20	00010	0000	001	000	000	100000
20	10 60 8C	00010	0000	110	000	010	001100
22	40 6A 23	01000	0000	110	101	000	100011
23	20 0C 24	00100	0000	000	110	000	100100
24	00 1A 25	00000	0000	001	101	000	100101
25	06 C2 26	00000	1101	100	001	000	100110
26	40 60 27	01000	0000	110	000	000	100111
27	10 51 42	00010	0000	101	000	101	000010
28	10 10 29	00010	0000	001	000	000	101001
29	00 28 2A	00000	0000	010	100	000	101010
2A	04 E2 2B	00000	1001	110	001	000	101011
2B	04 92 8C	00000	1001	001	001	010	001100
2C	10 10 2D	00010	0000	001	000	000	101101
2D	00 2C 2E	00000	0000	010	110	000	101110
2E	04 E2 2F	00000	1001	110	001	000	101111
2F	04 92 8C	00000	1001	001	001	010	001100
30	00 16 04	00000	0000	001	010	000	000100
31	00 16 06	00000	0000	001	010	000	000110
32	00 6D 48	00000	0000	110	110	101	001000
33	00 6D 4A	00000	0000	110	110	101	001010
34	00 34 01	00000	0000	011	010	000	000001
35	00 00 35	00000	0000	000	000	000	110101
36	00 6D 51	00000	0000	110	110	101	010001
37	00 01 81	00000	0000	000	000	110	000001
38	00 01 C1	00000	0000	000	000	111	000001
39	00 6A 12	00000	0000	110	101	000	010010
3A	00 1A 15	00000	0000	001	101	000	010101
3B	00 1A 18	00000	0000	001	101	000	011000

续 表

地址	十六进制表示	高五位	S3~S0	A 字段	B 字段	C 字段	UA5~UA0
3C	00 6D 5C	00000	0000	110	110	101	011100
3D	00 6D 5E	00000	0000	110	110	101	011110
3E	00 6D 68	00000	0000	110	110	101	101000
3F	00 6D 6C	00000	0000	110	110	101	101100

根据现有指令,编写一段程序,在模型机上实现以下功能:从 IN 单元读入一个数据 X 存于寄存器 R0,CPU 每响应一次中断,对 R0 中的数据加 1,并输出到 OUT 单元。根据要求可以得到如下程序,地址和内容均为二进制数。

```
地址            内容            助记符                       说明
00000000       01100000    ；   LDI R0,13H        将立即数 13 装入 R0
00000001       00010011

00000010       00110000    ；   OUT C0H,R0        将 R0 中的内容写入端口 C0 中,即写
00000011       11000000    ；                     ICW1,边沿触发,单片模式,需 ICW4
00000100       01100000    ；   LDI R0,30H        将立即数 30 装入 R0
00000101       00110000

00000110       00110000    ；   OUT C1H,R0        将 R0 中的内容写入端口 C1 中,即写
00000111       11000001    ；                     ICW2,中断向量为 30—37
00001000       01100000    ；   LDI R0,03H        将立即数 03 装入 R0
00001001       00000011

00001010       00110000    ；   OUT C1H,R0        将 R0 中的内容写入端口 C1 中,即写
00001011       11000001    ；                     ICW4,非缓冲,86 模式,自动 EOI
00001100       01100000    ；   LDI R0,FEH        将立即数 FE 装入 R0
00001101       11111110

00001110       00110000    ；   OUT C1H,R0        将 R0 中的内容写入端口 C1 中,即写
00001111       11000001    ；                     OCW1,只允许 IR0 请求
00010000       01100011    ；   LDI SP,A0H        初始化堆栈指针为 A0
00010001       10100000

00010010       01110000    ；   STI               CPU 开中断
00010011       00100000    ；   IN R0,00H         从端口 00(IN 单元)读入计数初值
00010100       00000000

00010101       01000001    ；   LOOP:MOV R1,R0    移动数据,并等待中断
00010110       11100000    ；   JMP LOOP          跳转,并等待中断
00010111       00010101
```

；以下为中断服务程序:

```
00100000   0000000080 ;   CLI            CPU 关中断
00100001   0000000061 ;   LDI R1,01H     将立即数 01 装入 R1
00100010   0000000001
00100011   0000000004 ;   ADD R0,R1      将 R0 和 R1 相加,即计数值加 1
00100100   0000000030 ;   OUT 40H,R0     将计数值输出到端口 40(OUT 单元)
00100101   0000000040
00100110   0000000070 ;   STI            CPU 开中断
00100111   00000000B0 ;   IRET           中断返回
00110000   0000000020 ;                  IR0 的中断入口地址为 20
```

【实验步骤】

1. 按图 7-1-7 所示连接实验接线,仔细检查接线后打开实验箱电源

2. 写入实验程序,并进行校验,分两种方式,手动写入和联机写入

(1) 手动写入和校验。

1) 手动写入微程序。

① 将时序与操作台单元的开关 KK1 置为"停止"挡,KK3 置为"编程"挡,KK4 置为"控存"挡,KK5 置为"置数"挡。

② 使用 CON 单元的 SD05～SD00 给出微地址,IN 单元给出低 8 位应写入的数据,连续两次按动时序与操作台的开关 ST,将 IN 单元的数据写到该单元的低 8 位。

③ 将时序与操作台单元的开关 KK5 置为"加 1"挡。

④ IN 单元给出中 8 位应写入的数据,连续两次按动时序与操作台的开关 ST,将 IN 单元的数据写到该单元的中 8 位。IN 单元给出高 8 位应写入的数据,连续两次按动时序与操作台的开关 ST,将 IN 单元的数据写到该单元的高 8 位。

⑤ 重复①②③④步,将表 7-1-5 中的微代码写入 2816 芯片中。

2) 手动校验微程序。

① 将时序与操作台单元的开关 KK1 置为"停止"挡,KK3 置为"校验"挡,KK4 置为"控存"挡,KK5 置为"置数"挡。

② 使用 CON 单元的 SD05～SD00 给出微地址,连续两次按动时序与操作台的开关 ST,MC 单元的数据指示灯 M7～M0 显示该单元的低 8 位。

③ 将时序与操作台单元的开关 KK5 置为"加 1"挡。

④ 连续两次按动时序与操作台的开关 ST,MC 单元的数据指示灯 M15～M8 显示该单元的中 8 位,MC 单元的数据指示灯 M23～M16 显示该单元的高 8 位。

⑤ 重复①②③④步,完成对微代码的校验。如果校验出微代码写入错误,重新写入、校验,直至确认微指令的输入无误为止。

3) 手动写入机器程序。

① 将时序与操作台单元的开关 KK1 置为"停止"挡,KK3 置为"编程"挡,KK4 置为"主存"挡,KK5 置为"置数"挡。

② 使用 CON 单元的 SD07～SD00 给出地址,IN 单元给出该单元应写入的数据,连续两次按动时序与操作台的开关 ST,将 IN 单元的数据写到该存储器单元。

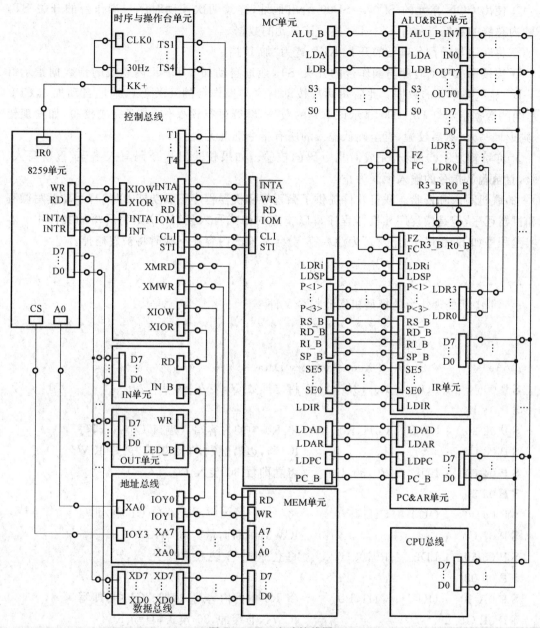

图 7 - 1 - 7 实验接线图

③ 将时序与操作台单元的开关 KK5 置为"加 1"挡。

④ IN 单元给出下一地址(地址自动加 1)应写入的数据,连续两次按动时序与操作台的开关 ST,将 IN 单元的数据写到该单元中。然后地址又会自加 1,只需在 IN 单元输入后续地址的数据,连续两次按动时序与操作台的开关 ST,即可完成对该单元的写入。

⑤ 亦可重复①②两步,将所有机器指令写入主存芯片中。

4) 手动校验机器程序。

① 将时序与操作台单元的开关 KK1 置为"停止"挡,KK3 置为"校验"挡,KK4 置为"主存"挡,KK5 置为"置数"挡。

② 使用 CON 单元的 SD07～SD00 给出地址,连续两次按动时序与操作台的开关 ST,CPU 内总线的数据指示灯 D7～D0 显示该单元的数据。

③ 将时序与操作台单元的开关 KK5 置为"加 1"挡。

④ 连续两次按动时序与操作台的开关 ST,地址自动加 1,CPU 内总线的指数据指示灯 D7～D0 显示该单元的数据。此后每两次按动时序与操作台的开关 ST,地址自动加 1,CPU 内总线的数据指示灯 D7～D0 显示该单元的数据,继续进行该操作,直至完成校验,如发现错误,则返回写入,然后校验,直至确认输入的所有指令准确无误。

⑤ 亦可重复①②两步,完成对指令码的校验。如果校验出指令码写入错误,重新写入、校验,直至确认指令的输入无误为止。

(2)联机写入和校验。联机软件提供了微程序和机器程序下载功能,以代替手动读写微程序和机器程序,但是微程序和机器程序得以指定的格式写入到以 TXT 为后缀的文件中。本次实验程序如下,程序中分号";"为注释符,分号后面的内容在下载时将被忽略掉。

```
; //＊＊＊＊＊＊＊＊＊＊＊＊＊＊＊＊＊＊＊＊＊＊＊＊＊＊＊＊＊＊＊ //
; //带中断处理能力的模型机实验指令文件//
; //＊＊＊＊＊＊＊＊＊＊＊＊＊＊＊＊＊＊＊＊＊＊＊＊＊＊＊＊＊＊＊ //


; //＊＊＊＊＊ Start Of Main Memory Data ＊＊＊＊＊//
$P 06 0   ; LDI    R0,13H      将立即数 13 装入 R0
$P 01 13
$P 02 30  ; OUT    C0H,R0      将 R0 中的内容写入端口 C0 中,即写
$P 03 C0  ;                    ICW1,边沿触发,单片模式,需要 ICW4
$P 04 60  ; LDI    R0,30H      将立即数 30 装入 R0
$P 05 30
$P 06 30  ; OUT    C1H,R0      将 R0 中的内容写入端口 C1 中,即写
$P 07 C1  ;                    ICW2,中断向量为 30－37
$P 08 60  ; LDI    R0,03H      将立即数 03 装入 R0
$P 09 03
$P 0A 30  ; OUT    C1H,R0      将 R0 中的内容写入端口 C1 中,即写
$P 0B C1  ;                    ICW4,非缓冲,86 模式,自动 EOI
$P 0C 60  ; LDI    R0,FEH      将立即数 FE 装入 R0
$P 0D FE
$P 0E 30  ; OUT    C1H,R0      将 R0 中的内容写入端口 C1 中,即写
$P 0F C1  ;                    OCW1,只允许 IR0 请求
$P 10 63  ; LDI    SP,A0H      初始化堆栈指针为 A0
$P 11 A0
$P 12 70  ; STI    CPU 开中断
$P 13 20  ; IN     R0,00H      从端口 00(IN 单元)读入计数初值
$P 14 00
```

$P 15 41　; LOOP:MOV R1,R0　　移动数据,并等待中断
$P 16 E0　; JMP　　LOOP　　　跳转,并等待中断
$P 17 15

;以下为中断服务程序:
$P 20 80　; CLI　　　　　　　CPU 关中断
$P 21 61　; LDI　　R1,01H　　将立即数 01 装入 R1
$P 22 01
$P 23 04　; ADD　　R0,R1　　将 R0 和 R1 相加,即计数值加 1
$P 24 30　; OUT　　40H,R0　　将计数值输出到端口 40(OUT 单元)
$P 25 40
$P 26 70　; STI　　　　　　　CPU 开中断
$P 27 B0　; IRET　　　　　　中断返回
$P 30 20　;　　　　　　　　IR0 的中断入口地址为 20
; // * * * * * End Of Main Memory Data * * * * * //

; // * * Start Of MicroController Data * * //
$M 00 0001C1　　; NOP
$M 01 000102　　; 中断测试,P<4>
$M 02 006D43　　; PC->AR, PC 加 1
$M 03 107070　　; MEM->IR, P<1>
$M 04 002405　　; RS->B
$M 05 04B201　　; A 加 B->RD
$M 06 002407　　; RS->B
$M 07 013201　　; A 与 B->RD
$M 08 106009　　; MEM->AR
$M 09 183001　　; IO->RD
$M 0A 106010　　; MEM->AR
$M 0B 000001　　; NOP
$M 0C 103001　　; MEM->RD
$M 0D 200601　　; RD->MEM
$M 0E 005341　　; A->PC
$M 0F 0000CB　　; NOP, P<3>
$M 10 280401　　; RS->IO
$M 11 103001　　; MEM->RD
$M 12 200413　　; RS->MEM
$M 13 001A14　　; SP->A
$M 14 06C201　　; A 加 1->SP
$M 15 064216　　; A 减 1->SP

```
$ M 16 006A17      ; SP—>AR
$ M 17 103001      ; MEM—>RD
$ M 18 064219      ; A 减 1—>SP
$ M 19 006A1A      ; SP—>AR
$ M 1A 105141      ; MEM—>PC
$ M 1B 005341      ; A—>PC
$ M 1C 10101D      ; MEM—>A
$ M 1D 10608C      ; MEM—>AR, P<2>
$ M 1E 10601F      ; MEM—>AR
$ M 1F 101020      ; MEM—>A
$ M 20 10608C      ; MEM—>AR, P<2>
$ M 22 406A23      ; INTA#, SP—>AR
$ M 23 200C24      ; PC—>MEM
$ M 24 001A25      ; SP—>A
$ M 25 06C226      ; A 加 1—>SP
$ M 26 406027      ; INTA#, 入口—>AR
$ M 27 105142      ; MEM—>PC
$ M 28 101029      ; MEM—>A
$ M 29 00282A      ; RI—>B
$ M 2A 04E22B      ; A 加 B—>AR
$ M 2B 04928C      ; A 加 B—>A, P<2>
$ M 2C 10102D      ; MEM—>A
$ M 2D 002C2E      ; PC—>B
$ M 2E 04E22F      ; A 加 B—>AR
$ M 2F 04928C      ; A 加 B—>A, P<2>
$ M 30 001604      ; RD—>A
$ M 31 001606      ; RD—>A
$ M 32 006D48      ; PC—>AR, PC 加 1
$ M 33 006D4A      ; PC—>AR, PC 加 1
$ M 34 003401      ; RS—>RD
$ M 35 000035      ; NOP
$ M 36 006D51      ; PC—>AR, PC 加 1
$ M 37 000181      ; STI
$ M 38 0001C1      ; CLI
$ M 39 006A12      ; SP—>AR
$ M 3A 001A15      ; SP—>A
$ M 3B 001A18      ; SP—>A
$ M 3C 006D5C      ; PC—>AR, PC 加 1
$ M 3D 006D5E      ; PC—>AR, PC 加 1
```

＄M 3E 006D68 ；PC－>AR，PC 加 1
＄M 3F 006D6C ；PC－>AR，PC 加 1
；//＊＊ End Of MicroController Data ＊＊//

选择联机软件的"【转储】—【装载】"功能，在打开文件对话框中选择上面所保存的文件，软件自动将机器程序和微程序写入指定单元。

选择联机软件的"【转储】—【刷新指令区】"可以读出下位机所有的机器指令和微指令，并在指令区显示，对照文件检查微程序和机器程序是否正确，如果不正确，则说明写入操作失败，应重新写入。可以通过联机软件单独修改某个单元的指令，以修改微指令为例，先用鼠标左键单击指令区的"微存"TAB 按钮，然后再单击需修改单元的数据，此时该单元变为编辑框，输入 6 位数据并按回车键，编辑框消失，并以红色显示写入的数据。

3. 运行程序

方法一：本机运行

将时序与操作台单元的开关 KK1，KK3 置为"运行"挡，按动 CON 单元的总清按钮 CLR，将使程序计数器 PC、地址寄存器 AR 和微程序地址为 00H，程序可以从头开始运行，暂存器 A，B，指令寄存器 IR 和 OUT 单元也会被清零。

将时序与操作台单元的开关 KK2 置为"连续"挡，按动一次 ST 按钮，即可连续运行指令，按动 KK 开关，每按动一次，检查 OUT 单元显示的数是否在原有基础上加 1（第一次是在 IN 单元值的基础上加 1）。

方法二：联机运行

进入软件界面，选择菜单命令"【实验】—【复杂模型机】"，打开复杂模型机实验数据通路图，选择相应的功能命令，即可联机运行、监控、调试程序。

按动 CON 单元的总清按钮 CLR，然后通过软件运行程序，在数据通路图和微程序流中观测程序的执行过程。在微程序流程图中观测：选择"单周期"运行程序，在模型机执行完 MOV 指令后，按下 KK 开关，不要松开，可见控制总线 INTR 指示灯亮，继续"单周期"运行程序，直到模型机的 CPU 向 8259 发送完第一个 $\overline{INTA}$，然后松开 KK 开关，INTR 中断请求被 8259 锁存，CPU 响应中断。仔细分析中断响应时现场保护的过程，中断返回时现场恢复的过程。

每响应一次中断，检查 OUT 单元显示的数是否在原有基础上加 1（第一次是在 IN 单元值的基础上加 1）。

【实验要求】

(1)实验之前，预习相关知识，写出实验步骤和具体设计内容。
(2)在实验前掌握所有控制信号的作用，写出实验预习报告并带入实验室。
(3)实验过程中，应认真进行实验操作，既不要因为粗心造成短路等事故而损坏设备，又要仔细思考实验有关内容，把自己想不明白的问题通过实验理解清楚。
(4)实验之后，应认真思考总结，写出实验报告，包括实验步骤和具体实验结果、遇到的主要问题、分析与解决问题的思路。还应写出自己的学习心得和切身体会，也可以对教学实验提出新的建议等。

7.2 带 DMA 控制功能的模型机设计实验

【实验目的】

(1) 掌握 CPU 外扩接口芯片的方法。

(2) 掌握 8237DMA 控制器原理及其应用编程。

【实验仪器及设备】

PC 机一台，TD-CMA 实验系统一套。

【实验原理】

1. 8237 芯片简介

(1) 8237 的引脚分配图如图 7-2-1 所示。

芯片引脚说明：

· A0～A3 为双向地址线。

· A4～A7 为三态输出线。

· DB0～DB7 为双向三态数据线。

· $\overline{\text{IOW}}$ 为双向三态低电平有效的 I/O 写控制信号。

· $\overline{\text{IOR}}$ 为双向三态低电平有效的 I/O 读控制信号。

· $\overline{\text{MEMW}}$ 为双向三态低电平有效的存储器写控制信号。

· $\overline{\text{MEMR}}$ 为双向三态低电平有效的存储器读控制信号。

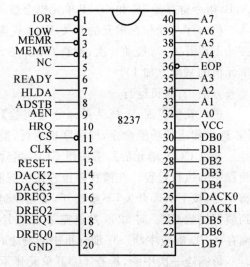

图 7-2-1 8237 引脚图

· ADSTB 为地址选通信号。

· AEN 为地址允许信号。

· $\overline{\text{CS}}$ 为片选信号。

· RESET 为复位信号。

· READY 为准备好输入信号。

· HRQ 为保持请求信号。

· HLDA 保持响应信号。

· DREQ0～DREQ3 为 DMA 请求（通道 0～3）信号。

· DACK0～DACK3 为 DMA 应答（通道 0～3）信号。

· CLK 为时钟输入。

· $\overline{\text{EOP}}$ 为过程结束命令线。

(2) 8237 的内部结构图如图 7-2-2 所示。

(3) 8237 的寄存器定义如图 7-2-3 所示。

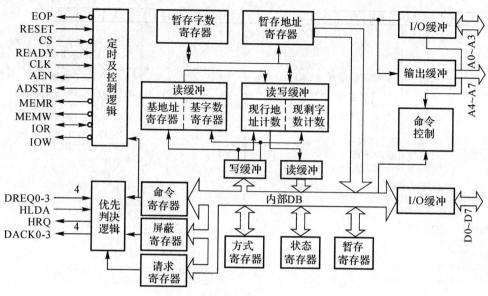

图 7 - 2 - 2　8237 内部结构图

（4）8237 的初始化。

使用 DMA 控制器,必须对其进行初始化。8237 的初始化需要按一定的顺序对各寄存器进行写入,初始化顺序如下:

1）写主清除命令。

2）写地址寄存器。

3）写字节计数寄存器。

4）写工作方式寄存器。

5）写命令寄存器。

6）写屏蔽寄存器。

7）写请求寄存器。

2. 8237 芯片外部连接

对于 CPU 外扩接口芯片,其重点是要设计接口芯片数据线、地址线和控制线与 CPU 的连接,图 7 - 2 - 4 是 8237 接口芯片的典型扩展接法。这里的模型计算机可以直接应用前面的复杂模型机,其 I/O 地址空间分配情况如表 7 - 2 - 1 所示。

表 7 - 2 - 1　I/O 地址空间分配

A7A6	选定	地址空间
00	IOY0	00～3F
01	IOY1	40～7F
10	IOY2	80～BF
11	IOY3	C0～FF

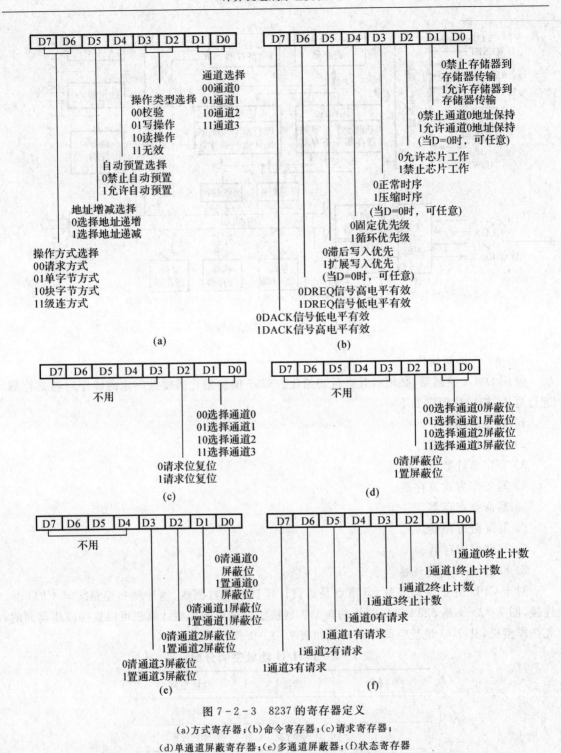

图 7-2-3 8237 的寄存器定义

(a)方式寄存器;(b)命令寄存器;(c)请求寄存器;

(d)单通道屏蔽寄存器;(e)多通道屏蔽;(f)状态寄存器

可以应用复杂模型机指令系统来对外扩的 8237 芯片进行初始化操作。实验箱上 8237 的引脚都以排针形式引出。

应用复杂模型机的指令系统,实现以下功能:对 8237 进行初始化,每次给通道 0 发一次请求信号,8237 将存储器中 40H 单元中的数据以字节传输的方式送至输出单元显示。

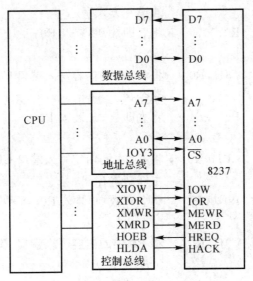

图 7-2-4　8237 和 CPU 挂接图

根据实验要求编写机器程序如下:

$P 00 60	; LDI	R0,00H	将立即数 00 装入 R0
$P 01 00			
$P 02 30	; OUT	CDH,R0	将 R0 中的内容写入端口 CD 中,总清
$P 03 CD	;		
$P 04 60	; LDI	R0,40H	将立即数 40 装入 R0
$P 05 40			
$P 06 30	; OUT	C0H,R0	将 R0 中的内容写入端口 C0 中,即写
$P 07 C0	;		通道 0 地址低 8 位
$P 08 60	; LDI	R0,00H	将立即数 00 装入 R0
$P 09 00			
$P 0A 30	; OUT	C0H,R0	将 R0 中的内容写入端口 C0 中,即写
$P 0B C0	;		通道 0 地址高 8 位
$P 0C 60	; LDI	R0,00H	将立即数 00 装入 R0
$P 0D 00			
$P 0E 30	; OUT	C1H,R0	将 R0 中的内容写入端口 C1 中,即写
$P 0F C1	;		通道 0 传送字节数低 8 位
$P 10 60	; LDI	R0,00H	将立即数 00 装入 R0
$P 11 00			
$P 12 30	; OUT	C1H,R0	将 R0 中的内容写入端口 C1 中,即写
$P 13 C1	;		通道 0 传送字节数高 8 位
$P 14 60	; LDI	R0,18H	将立即数 18 装入 R0
$P 15 18			

```
$ P 16 30   ; OUT    CBH,R0      将 R0 中的内容写入端口 CB 中,即写
$ P 17 CB   ;                    通道 0 方式字
$ P 18 60   ; LDI    R0,00H      将立即数 00 装入 R0
$ P 19 00
$ P 1A 30   ; OUT    C8H,R0      将 R0 中的内容写入端口 C8 中,即写
$ P 1B C8   ;                    命令字
$ P 1C 60   ; LDI    R0,0EH      将立即数 0E 装入 R0
$ P 1D 0E
$ P 1E 30   ; OUT    CFH,R0      将 R0 中的内容写入端口 CF 中,即写
$ P 1F CF   ;                    主屏蔽寄存器
$ P 20 60   ; LDI    R0,00H      将立即数 00 装入 R0
$ P 21 00
$ P 22 30   ; OUT    C9H,R0      将 R0 中的内容写入端口 C9 中,即写
$ P 23 C9   ;                    请求字
$ P 24 60   ; LDI    R0,00H      将立即数 00 装入 R0
$ P 25 00
$ P 26 61   ; LDI    01H,R1      将立即数 01 装入 R1
$ P 27 01   ;
$ P 28 04   ; ADD    R0,R1       R0+R1->R0
$ P 29 D0   ; STA    40H,R0      将 R0 中的内容存入 40H 中
$ P 2A 40   ;
$ P 2B E0   ; JMP    26H
$ P 2C 26   ;
$ P 2D 50   ; HLT
```

```
;// * * * * * 数据 * * * * * //
$ P 40 00
```

【实验步骤】

(1) 在复杂模型机实验接线图的基础上,再增加本实验 8237 部分的接线。接线图如图 7-2-5 所示。

(2) 本实验只用了 8237 的 0 通道,将它设置成请求方式。REQ0 接至脉冲信号源 KK+上。

(3) 微程序沿用复杂模型机的微代码程序,选择联机软件的"【转储】—【装载】"功能,在打开文件对话框中选择"带 DMA 的模型机设计实验.txt",软件自动将机器程序和微程序写入指定单元。

(4) 运行上述程序。

将时序与操作台单元的开关 KK1,KK3 置为"运行"挡,按动 CON 单元的总清按钮 CLR,将使程序计数器 PC、地址寄存器 AR 和微程序地址为 00H,程序可以从头开始运行,暂存器

A,B,指令寄存器 IR 和 OUT 单元也会被清零。

　　将时序与操作台单元的开关 KK2 置为"连续"挡,按动一次 ST 按钮,即可连续运行指令,按动 KK 开关,每按动一次,OUT 单元显示循环程序段(26H～2CH)已执行的次数（由于存储单元 40H 初值为"0"。循环程序段(26H～2CH)每执行一次,存储单元 40H 中的数据加 1,因而存储单元 40H 中的值就是循环程序段(26H～2CH)已执行的次数）。

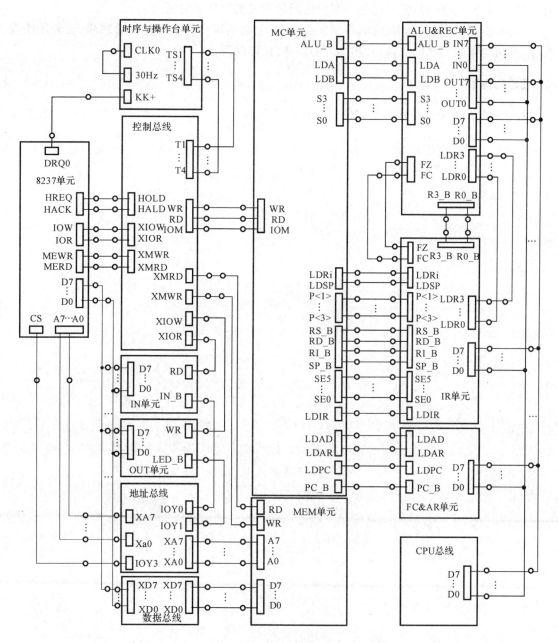

图 7-2-5　实验接线图

【实验要求】

(1)实验之前,预习 DMA 工作原理,阅读实验内容,写出实验步骤和具体设计内容。

(2)在实验前掌握所有控制信号的作用,写出实验预习报告。

(3)实验过程中,应认真进行实验操作,既不要因为粗心造成短路等事故而损坏设备,又要仔细思考实验有关内容,把自己想不明白的问题通过实验理解清楚。

(4)实验之后,认真思考总结,写出实验报告,包括实验步骤和具体实验结果、遇到的主要问题、分析与解决问题的思路,写出学习心得体会、建议等。

【思考题】

DMA 方式的特点是什么? 它应用在什么场合?

第8章　精简指令系统计算机

随着计算机技术的不断发展,为增强计算机系统的功能,简化编译器的工作量,更好地改善计算机的性能,减少系统的辅助开销,提高计算机的运行速度和效率,计算机结构设计者一直在致力研究为系统结构提供更好的硬件支持。过去的主要做法是:设计包含大量指令的指令系统和各种各样的寻址方式,期望达到使编译器设计者的任务变得容易;提高执行效率,因为复杂操作序列能以微代码实现,所以可提供更复杂、更精致的高级语言的支持。但这样做就会使指令系统变得越来越庞大,这就是所谓的 CISC(复杂指令系统)结构。

人们经过对指令系统的研究,针对 CISC 结构存在的问题,提出了 RISC(精简指令系统)的思想,并迅速地应用到计算机系统设计中。

8.1　计算机的指令系统

如果把计算机系统所要实现的功能分为一些基本的功能,那么在这些基本的功能中只有很少的一部分必须由硬件指令系统来实现。绝大多数功能既可以用硬件指令系统实现,也可以用软件的一段子程序来实现。对于指令系统的设计者而言,决定一个功能该如何实现时,要考虑到三个因素:速度、价格和灵活性。用硬件指令系统实现:速度快、价格高、灵活性差;用软件指令系统实现:速度慢、价格低、灵活性好。

设计通用计算机时,要保证指令系统的完整性。对于以下的 5 类指令要有足够的硬件指令系统支持:数据传送类指令、运算类指令、程序控制类指令、输入输出指令、处理机控制指令和调试指令。

对于计算机指令系统的设计有两种截然不同的思路:CISC(复杂指令系统)和 RISC(精简指令系统)。

采用 CISC 结构设计的计算机包含大量指令的指令系统和各种各样的寻址方式,期望使编译器设计者的任务变得容易;提供更复杂、更精致的高级语言的支持。但这样做就会使指令系统变得越来越庞大。总体来说,CISC 具有如下特点:

(1)指令系统复杂,具体表现在指令数多、寻址方式多、指令格式多。

(2)绝大多数指令需要多个机器周期才能执行完成。

(3)各种指令都可访问存储器。

(4)采用微程序控制。

(5)设置专用的寄存器。

(6)难以通过优化编译生成高效的目标代码程序。

CISC 结构是早期指令系统的代表,期望通过提供更复杂、更精致的高级语言的支持来提高计算机的性能。1975 年,IBM 公司率先组织技术力量研究指令系统的合理性问题,这是在指令系统方面的一次有益的探索。从 1979 年开始,美国加州大学伯克利分校的研究小组开展这方面的研究工作,经过细致的研究,他们指出 CISC 的结构和思路存在如下一些问题:

(1)大量的统计数字表明,大约有 80% 的指令只有在 20% 的处理机运行时间内才被用到。因此对操作繁杂的指令,不仅增加机器设计人员的负担,也降低了系统的性能价格比。

(2)VLSI(超大规模集成电路)技术的飞速发展,VLSI 工艺要求规整性,而 CISC 处理机中,为了实现大量的复杂指令,控制逻辑极不规整,给 VLSI 工艺造成很大的困难。

(3)由于许多指令的操作繁杂,使得执行速度很低,甚至比用几条简单的指令来组合实现还要慢。而且由于庞大的指令系统,使得难以优化编译生成真正高效率的机器语言程序,也使编译程序本身太长、太复杂。

针对 CISC 结构存在的这些问题,人们提出了 RISC 的思想:

(1)确定指令系统时,选取使用频率最高的一些简单指令,以及很有用但不复杂的指令。

(2)指令长度固定,指令格式简单而统一,限制在 1~2 种之内。大大减少指令系统的寻址方式,寻址方式简单,一般不超过 2 种。

(3)大部分指令在一个机器周期内完成。

(4)只有取(LOAD)、存(STORE)指令可以访问存储器,其他指令的操作一律在寄存器间进行,大大增加寄存器的数量。

(5)以硬布线控制为主,很少或不用微程序控制。

(6)特别重视编译优化工作,支持高级语言的实现。

进入 20 世纪 80 年代以来,VLSI(超大规模集成电路)技术的迅速发展对于指令系统的发展产生了深远的影响。CISC 由于指令不规整,不利于大规模的集成,而 RISC 由于规整的指令结构、简单的控制逻辑和大量相同的通用寄存器适合 VLSI 的实现,逐渐成为主流的现代计算机指令系统。

目前在 RISC 处理机中采用如下几种技术:

(1)延时转移技术。在 RISC 处理机中,指令一般采用流水线方式工作。取指令和执行指令并行进行。如果取指令和执行指令各需要一个周期,那么,在正常情况下,每个周期就能执行完一条指令。然而,在遇到转移指令时,流水就有可能断流。由于转移的目的地址要在指令执行完后才能产生,这时下一条指令已经取出来了,因此,必须把取出来的指令作废,并按照转移地址重新取出正确指令。为解决上述问题,可以使编译器自动调整指令序列,在转移指令后插入一条有效的指令,而转移指令好像被延迟执行了,这种技术称为延迟转移技术。

然而必须注意,调整指令序列时一定不能改变原程序的数据相关关系,如果找不到合适的指令调整程序中的指令序列,编译程序可以在转移指令后插入一条空操作指令。

(2)在处理器中设置数量较大的寄存器组,并采用重叠寄存器窗口技术。在 RISC 程序中有很多的 CALL 和 RETURN 指令。当执行 CALL 指令时,必须保存现场,另外,还要把执行子程序的参数从主程序中传送出去。当执行 RETURN 指令时,要把保存的结果传送回主程序。为了尽量减少访问存储器,在 RISC 处理器中采用重叠寄存器窗口技术。

(3)以硬布线实现为主,微程序固件实现为辅。主要采用硬布线逻辑来实现指令系统,对于那些必需的少量的复杂指令,可以采用微程序实现。微程序便于实现复杂指令,便于修改指令系统,增加了机器的灵活性和适应性,但执行速度低。

(4)强调优化编译系统设计。编译器必须努力优化寄存器的分配和使用,提高寄存器的使用效率,减少访问存储器的次数。为了使 RISC 处理机中的流水线高效率地工作,尽量不断流,编译器还必须分析程序的数据流和控制流,当发现有可能断流时,要调整指令序列。对有些可以通过变量重新命名来消除数据相关的,要尽量消除。这样,可以提高流水线的执行效率,缩短程序的执行时间。

然而,相比于 CISC,RISC 在解决了 CISC 的问题的同时,引入了一些新的问题:指令的优化编译变得困难,在考虑功能实现的同时要考虑各种相关问题,要设计复杂的子程序库等。因此,现代计算机的指令系统以性价比为基准,并不拘泥于单一的指令系统。现代计算机处理器的设计主要遵循下述的基本思想:

(1)所有指令由硬件直接执行(而不再由微指令解释的方式执行)。

(2)最大限度地提高指令启动速度。

(3)指令应易于译码。

(4)只允许少数指令访问内存(从内存中读取指令是执行速度的瓶颈)。

(5)提供了足够多的寄存器(寄存器的存取速度远远大于存储器)。

8.2　基于 RISC 技术的模型计算机设计实验

【实验目的】

(1)了解精简指令系统计算机(RISC)和复杂指令系统计算机(CISC)的体系结构特点和区别。

(2)掌握 RISC 处理器的指令系统特征和一般设计原则。

【实验仪器及设备】

PC 机一台,TD-CMA 实验系统一套。

【实验原理】

1. 指令系统设计

本实验采用 RISC 思想设计的模型机,选用常用的 5 条指令 MOV,ADD,LOAD,STORE 和 JMP 作为指令系统,寻址方式采用寄存器寻址及直接寻址两种方式。指令格式采用单字节及双字节两种格式。

单字节指令(MOV,ADD,JMP)格式如表 8-2-1 所示。

表　8-2-1

7 6 5 4	3 2	1 0
OP-CODE	RS	RD

其中,OP-CODE 为操作码,RS 为源寄存器,RD 为目的寄存器,并规定如表 8-2-2 所示。

表 8-2-2

RS 或 RD	选定的寄存器
00	R0
01	R1
10	R2
11	A

双字节指令(LOAD,SAVE)格式如表 8-2-3 所示。

表 8-2-3

7654(1)	32(1)	10(1)	7~0(2)
OP-CODE	RS	RD	P

其中括号中的 1 表示指令的第一字节,2 表示指令的第二字节,OP-CODE 为操作码,RS 为源寄存器,RD 为目的寄存器,P 为操作目标的地址,占用一个字节。

根据上述指令格式,表 8-2-4 列出了本模型机的 5 条机器指令的具体格式、汇编符号和指令功能。

表 8-2-4　指令描述

助记符号	指令格式				指令系统
MOV RS RD	0000	RS	RD		RS→RD
ADD RS RD	0001	RS	RD		RD+RS→RD
JMP RS	0010	RS			RS→PC
LOAD RD	0011	*	RD	P	[P]→RD
STORE RS	0100	RS	*	P	RS→[P]

2. RISC 处理器的模型计算机系统设计

本处理器的时钟及节拍电位如图 8-2-1 所示,数据通路图如图 8-2-2 所示,其指令周期流程图可设计为如图 8-2-3 所示,在通路中除控制器单元由 CPLD 单元来设计实现外,其他单元全是由实验系统上的单元电路来实现的。

3. 控制器设计

(1)数据通路图中的控制器部分需要在 CPLD 中设计。

(2)用 VHDL 语言设计 RISC 子模块的功能描述程序,顶层原理图如图 8-2-4 所示。

【实验步骤】

(1)编辑、编译所设计 CPLD 芯片的程序,其引脚配置如图 8-2-5 所示。

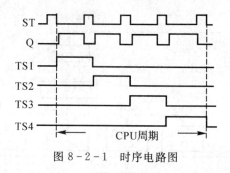

图 8 - 2 - 1　时序电路图

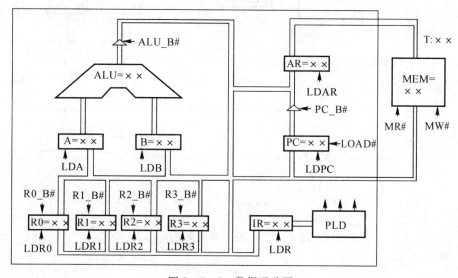

图 8 - 2 - 2　数据通路图

(2)关闭实验系统电源,把时序与操作台单元的"MODE"短路块短接、"SPK"短路块断开,使系统工作在四节拍模式,按图 8 - 2 - 6 连接实验电路。

(3)打开电源,将生成的 POF 文件下载至 CPLD 芯片中。

(4)编写一段机器指令。

地址(H)	内容(H)	助记符	说明
00	30	LOAD	[40]—>R0
01	40		
02	03	MOV	R0—>A
03	10	ADD	R0+A—>R0
04	40	STORE	R0—>[0A]
05	0A		
06	30	LOAD	[41]—>R0
07	41		
08	20	JMP	R0—>PC
40	34		
41	00		

— 115 —

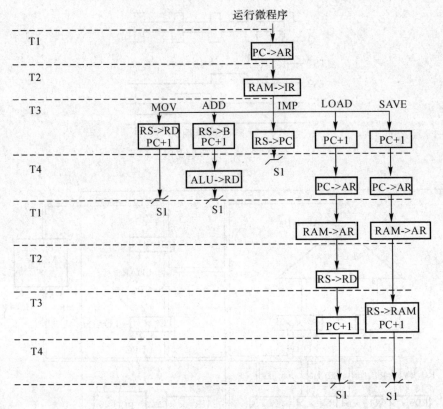

图 8 - 2 - 3 指令周期流程图

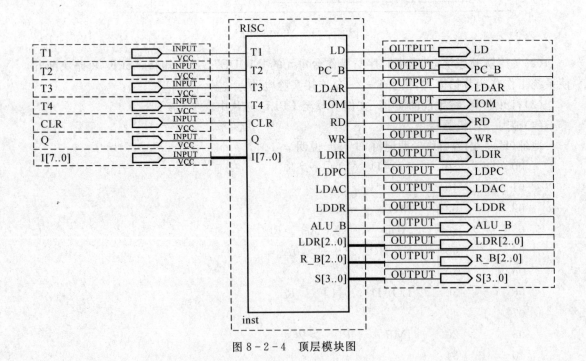

图 8 - 2 - 4 顶层模块图

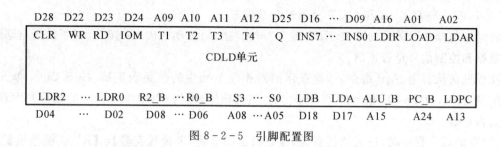

图 8 - 2 - 5　引脚配置图

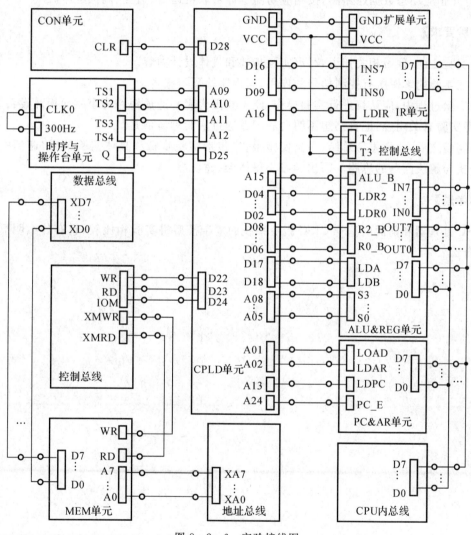

图 8 - 2 - 6　实验接线图

（5）联上 PC 机,运行 TD - CMA 联机软件,将上述程序写入相应的地址单元中或用"【转储】—【装载】"功能将该实验对应的文件载入实验系统上的模型机中。

（6）将时序与操作台单元的开关 KK1,KK3 置为"运行"挡,按动 CON 单元的总清按钮 CLR,将使程序计数器 PC、地址寄存器 AR 和微程序地址为 00H,程序可以从头开始运行,暂存器 A,B,指令寄存器 IR 和 OUT 单元也会被清零。

将时序与操作台单元的开关 KK2 置为"单拍"挡,每按动一次 ST 按钮,对照数据通路图,分析数据和控制信号是否正确。

在模型机执行完 JMP 指令后,检查存储器相应单元中的数是否正确,按下 CON 单元的总清按钮 CLR,改变 40H 单元的值,再次执行机器程序,根据 0AH 单元显示的数可判别程序执行是否正确。

(7)联机运行程序时,进入软件界面,装载机器指令后,选择"【实验】-【RISC 模型机】"功能菜单打开相应动态数据通路图,按相应功能键即可联机运行、监控、调试程序。

【实验要求】

(1)实验之前,预习相关知识,写出实验步骤和具体设计内容。

(2)在实验前掌握所有控制信号的作用,写出实验预习报告。

(3)实验过程中,应认真进行实验操作,既不要因为粗心造成短路等事故而损坏设备,又要仔细思考实验有关内容,把自己想不明白的问题通过实验理解清楚。

(4)实验之后,认真思考总结,写出实验报告,包括实验步骤和具体实验结果,遇到的主要问题、分析与解决问题的思路。写出学习心得体会、建议等。

【思考题】

RISC 处理器和前面的基于 CISC 指令系统的复杂模型机实验相比较,它有什么明显的优点?为什么?

第9章　流水线处理机

流水方式是把一个复杂的过程分解为若干个子过程,每个子过程可以与其他子过程同时进行。由于这种工作方式与工厂中的生产流水线十分相似,因此,把它称为流水线工作方式。

9.1　流水线的原理及基本思想

9.1.1　流水的基本概念

流水可以看作是重叠的引申,一次重叠是一种简单的指令流水线。一次重叠是把一条指令分解为"分析"和"执行"两个子过程,这两个子过程分别在执行分析部件和指令执行部件中完成,如图 9-1-1 所示。由于在指令分析部件和指令执行部件的输出端各有一个锁存器,可以分别保存指令分析和指令执行的结果,因此,指令分析和指令执行部件可以完全独立并行地工作,而不必等一条指令的"分析""执行"子过程都完成之后才送入下一条指令。分析部件在完成一条指令"分析"并将结果送入指令执行部件的同时,就可以开始分析下一条指令。

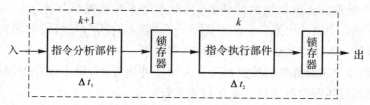

图 9-1-1　简单的流水

图 9-1-1 中如果指令分析部件分析一条指令所用的时间 Δt_1 与指令执行部件执行一条指令所用的时间 Δt_2 相等,即 $\Delta t_1 = \Delta t_2 = \Delta t$,就一条指令的解释来看还是需要 $2\Delta t$,但是从机器的输出来看,每过 Δt 就有一条指令执行完成。因此,机器执行指令的速度提高了 1 倍。

如果把"分析"子过程再细分成"取指令""指令译码"和"取操作数"3 个子过程,并加快"执行"子过程,使 4 个子过程都能独立地工作,且经过的时间都是 Δt,如图 9-1-2(a)所示,则可以描述出流水的时空图如图 9-1-2(b)所示。

在时空图中,横坐标表示时间,也就是输入到流水线中的各个任务在流水线中所经过的时间;纵坐标表示空间,即流水线的各个子过程。在时空图中,流水线的一个子过程通常称为"功能段"。

从时空图中,可以很清楚地看出各个任务在流水线的各段中的流动过程。从横坐标方向看,流水线中的各个功能部件逐个连续地完成自己的任务;从纵坐标方向看,在同一时间段内有多个功能段在同时工作。

在上面的流水线中,对于"取指令""指令译码""取操作数""执行"每个子过程都需要 Δt 时间完成,这样,虽然完成一条指令所需的时间还是一个 T,但是每隔一个 $\Delta t(T/4)$ 时间就会有一条指令结果输出,这样的执行效率比顺序方式提高了3倍。

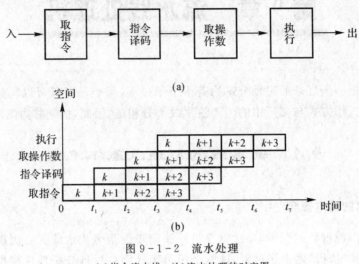

图 9-1-2 流水处理

(a)指令流水线；(b)流水处理的时空图

9.1.2 流水线的特点

采用流水线方式的处理机与传统的顺序执行方式相比,具有如下特点:

(1)流水线中处理的必须是连续的任务,只有连续不断地提供任务才能发挥流水线的效率。流水线从开始启动到流出第一个结果需要一个"装入时间",在这段时期内并没有流出任何结果,因此,对第一条指令来说,和顺序执行没有区别。

(2)在流水线每个功能部件的后面都要有一个缓冲寄存器,用于保存本段的执行结果,以保证各部件之间速度匹配及各部件独立并行地运行。

(3)流水线是把一个大的功能部件分解为多个独立的功能部件,并依靠多个功能部件并行工作来缩短程序执行时间。流水线中各段的执行时间应尽量相等,否则将引起"堵塞""断流"等。执行时间最长的一段将成为整个流水线的"瓶颈",在流水线中应尽量解决"瓶颈"。

9.1.3 相关处理

由于流水是同时解释多条指令,肯定会出现更多的相关。所谓相关是指在一段程序的相近指令之间有某种关系,这种关系可能影响指令的重叠执行。通常,把相关分为两大类,一类是数据相关,另一类是控制相关。数据相关主要有4种,分别是指令相关、主存操作数相关、通用寄存器相关和变址相关。解决数据相关的方法通常有两种,一种是推后分析法,当遇到数据相关时,推后本条指令的分析,直至所需要的数据写入到相关的存储单元中;另一种方法是设置专用通路,即不必等所需要的数据写入到相关的存储单元中,而是经专门设置的数据通路读取所需要的数据。

控制相关是指因为程序的执行方向可能改变而引起的相关。可能改变程序执行方向的指令通常有无条件转移、一般条件转移、子程序调用、中断等。

9.2　基于流水技术的模型计算机设计实验

【实验目的】

在掌握 RISC 处理器构成的模型机实验的基础上,进一步将其构成一台具有流水功能的模型机。

【实验仪器及设备】

PC 机一台,TD－CMA 实验系统一套。

【实验原理】

1. 本实验中 RISC 处理器指令系统的定义

(1)选用使用频度比较高的 5 条基本指令:MOV,ADD,STORE,LOAD,JMP。

(2)寻址方式采用寄存器寻址及直接寻址两种方式。

(3)指令格式采用单字长及双字长两种格式:

7		4	3	2	1	0
操作码			RS		RD	

7		4	3	2	1	0
操作码			RS		RD	
A						

其中 RS,RD 为不同状态,则选中不同寄存器:

RS 或 RD	寄存器
0　0	R0
0　1	R1
1　0	R2
1　1	R3

RD	暂存器
0　0	A
1　1	B

MOV,ADD 两条指令为单周期执行完成。STORE,LOAD,JMP 三条指令为两周期执行完成。在 STORE,LOAD 两条指令里,A 为存或取数的直接地址;在 JMP 指令里,A 为转移地址的立即数。

2. 基于 RISC 处理器的流水方案设计原理

(1)本模型机采用的数据通路图如图 9－2－1 所示。

(2)流水模型机工作原理示意图如图 9－2－2 所示。

本实验的流水模型机采用两级流水,将系统分为"指令分析部件"和"指令执行部件",各部件的执行周期均为一个机器周期。如图 9-2-2 所示:"指令分析部件"主要是取指、译码、操作数形成的,IR1 将指令码锁存,译码产生出分析部件所需的控制信号,形成操作数,在机器周期结束时,也就是 T4 的下沿将指令码递推到 IR2 锁存,完成指令的分析。"指令执行部件"主要负责执行指令,在 IR2 锁存指令码后,就会译码出执行部件需要的控制信号,完成指令的执行。与此同时分析部件完成了下一条指令的分析。以上的过程反映出了流水技术在"时空"上的并行性。除第一个机器周期外,其他周期两个部件都是同时工作的,每一个周期都会有一个结果输出。

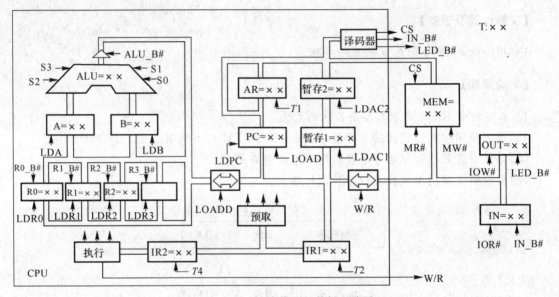

图 9-2-1 流水模型机数据通路图

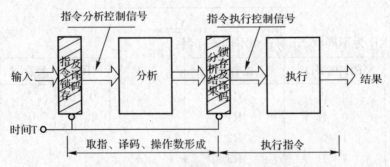

图 9-2-2 流水模型机工作原理示意图

"指令分析部件"的设计主要采用了 PC 专用通路和两级暂存技术,PC 专用通路是为访存指令预取操作数地址而用的,暂存器是用来暂存操作数地址的,设计两级暂存可以避免连续两条访存指令带来的冲突。如果是一级暂存,在分析第一条访存指令时,在 T3 时刻将操作数地址存入暂存。在下一个机器周期里执行该访存指令,同时分析第二条访存指令,第一条访存指令的操作数地址要在 T4 时刻才用到,但是 T3 时刻已经被分析的第二条访存指令的操作数地址覆盖,这样就引起了冲突。两级暂存可解决这个问题。"指令执行部件"采用实验系统的 ALU&REG 单元来构建。

下面介绍一下流水方案的逻辑实现。将一个机器周期分成四个节拍,分别为 T1,T2,T3,T4。首先在 T1 时刻的上沿,程序计数器 PC 将操作码地址打入地址寄存器 AR(PC->AR);然后在 T2 时刻的上沿,PC+1 并且将指令的操作码打入指令寄存器;如果是单字节指令,如 MOV,ADD 指令,到此已经完成了指令的预取及分析,如果是双字节指令,如 STORE,LOAD 指令(JMP 指令例外),在 T3 时刻的上沿选中 PC 专用通路,将操作数地址打入暂存 1 中保存,JMP 指令则将转移地址直接打入 PC 中;在 T4 时刻的上沿,PC+1(JMP 指令则不加 1)并且将暂存 1 的数据打入暂存 2 中保存;在 T4 的下沿将控制信号锁存。这时双字节指令的预取及分析也完成了。

在下一个机器周期的 T4 时刻完成指令的执行。"指令分析部件"同时预取分析下一条指令。

C. 本实验的指令系统如下:

MOV	0000	RS	RD

ADD	0001		RD

JMP	0010		
	A		

LOAD	0011		RD
	A		

STORE	0100	RS	
	A		

D. 本实验的程序如下:

地址(H)	内容(H)	助记符	说明
00	30	LOAD [80],R0	[80H]->R0
01	80		
02	00	MOV R0,A	R0->A
03	03	MOV R0,B	R0->B
04	10	ADD A,B,R0	A+B->R0
05	40	STORE R0,[82]	R0->[82H]
06	82		
07	20	JMP 00	00H->PC
08	00		

3. 本实验"指令执行部件"由实验系统的 ALU&REG 单元电路来构建,输入设备、输出设备、RAM 及时序仍由实验系统上的 IN 输入单元、OUT 输出显示单元、MEM 存储器单元及时序与操作台单元电路给出,其余全部用实验系统的 CPLD 单元来设计实现。在本实验的设计中,00H~7FH 为存储器地址,80H 为输入单元端口地址,82H 为输出单元端口地址。

4. CPLD 芯片设计程序

(1)在图 9-2-1 中须用 CPLD 描述的部分(见图 9-2-3)。

(2)在 CPLD 中设计的顶层模块电路图(见图 9-2-4)。

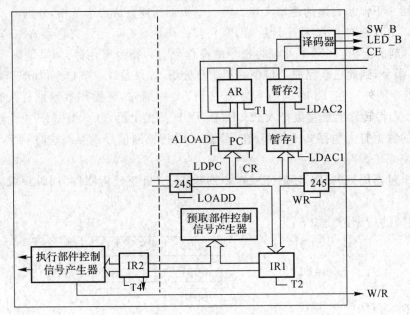

图 9 - 2 - 3   用 CPLD 实验的电路

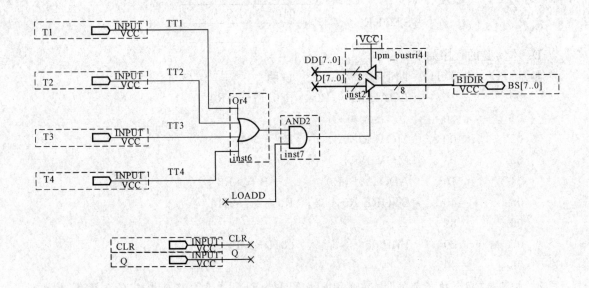

图 9 - 2 - 4   在 CPLD 中设计的顶层模块电路图

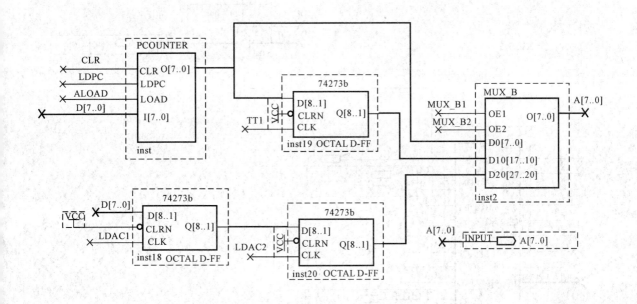

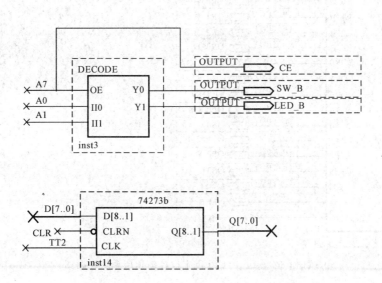

续图 9-2-4 在 CPLD 中设计的顶层模块电路图

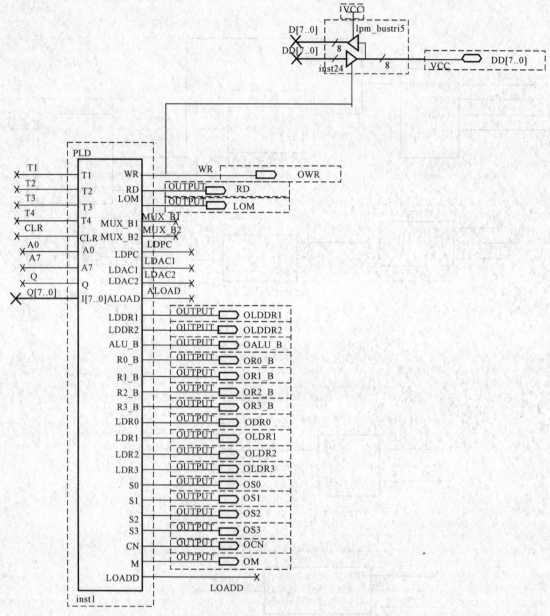

续图 9-2-4　在 CPLD 中设计的顶层模块电路图

（3）设计各子模块的功能描述程序。

【实验步骤】

（1）编辑、编译所设计 CPLD 芯片的程序，其引脚配置如图 9-2-5 所示。

（2）关闭实验系统电源，把时序与操作台单元的"MODE"短路块短接、"SPK"短路块断开，使系统工作在四节拍模式，按图 9-2-6 连接实验电路。

（3）打开电源，将生成的 POF 文件下载至 CPLD 芯片中。

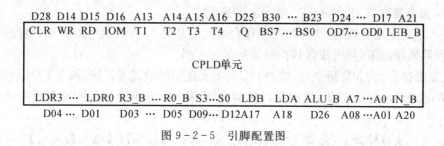

图 9 - 2 - 5　引脚配置图

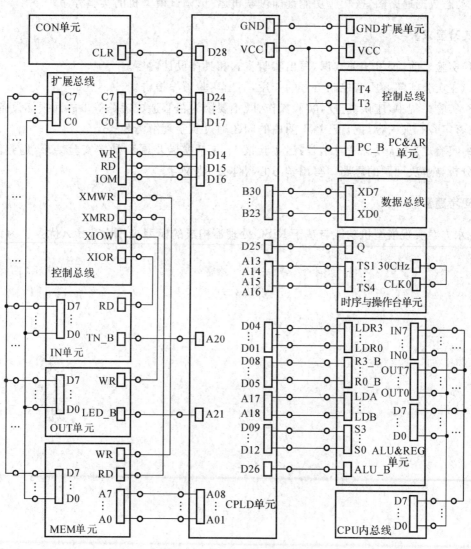

图 9 - 2 - 6　流水实验接线图

（4）联上 PC 机，运行 TD-CMA 联机软件，将上述程序写入相应的地址单元中或用"【转储】—【装载】"功能将该实验对应的文件载入实验系统。

（5）将时序与操作台单元的开关 KK1，KK3 置为"运行"挡，按动 CON 单元的总清按钮 CLR，将使程序计数器 PC、地址寄存器 AR 和微程序地址为 00H，程序可以从头开始运行，暂存器 A,B,指令寄存器 IR 和 OUT 单元也会被清零。

在输入单元上置一数据,将时序与操作台单元的开关 KK2 置为"单拍"挡,每按动一次 ST 按钮,对照数据通路图,分析数据和控制信号是否正确。

在模型机执行完 JMP 指令后,检查 OUT 单元显示的数是否正确,按下 CON 单元的总清按钮 CLR,改变 IN 单元的值,再次执行机器程序,从 OUT 单元显示的数判别程序执行是否正确。

(6)在联机软件界面下,完成装载机器指令后,选择"【实验】-【流水模型机】"功能菜单打开相应动态数据通路图,按相应功能键即可联机运行、调试模型机的实验程序。

【实验要求】

(1)实验之前,预习相关知识,写出实验步骤和具体设计内容。

(2)在实验前掌握所有控制信号的作用,写出实验预习报告。

(3)实验过程中,应认真进行实验操作,既不要因为粗心造成短路等事故而损坏设备,又要仔细思考实验有关内容,把自己想不明白的问题通过实验理解清楚。

(4)实验之后,认真思考总结,写出实验报告,包括实验步骤和具体实验结果、遇到的主要问题、分析与解决问题的思路。写出学习心得体会、建议等。

【思考题】

流水方案实现模型机功能与基于 RISC 处理器构成的模型机相比有什么优点? 为什么?

附录 实验用芯片介绍

本附录介绍一些实验电路中用到的中大规模数字功能器件,以供教学实验参考,其中 $Q0$ 为时钟脉冲的上升沿之前 Q 的输出,1 为高电平,0 为低电平,Z 为高阻态。

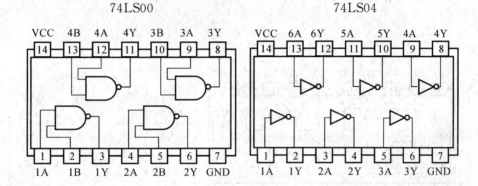

74LS00 74LS04 74LS08 74LS240

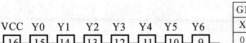

74LS138

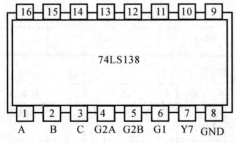

G1	G*	C	B	A	Y0	Y1	Y2	Y3	Y4	Y5	Y6	Y7
X	1	X	X	X	1	1	1	1	1	1	1	1
0	X	X	X	X	1	1	1	1	1	1	1	1
1	0	0	0	0	0	1	1	1	1	1	1	1
1	0	0	0	1	1	0	1	1	1	1	1	1
1	0	0	1	0	1	1	0	1	1	1	1	1
1	0	0	1	1	1	1	1	0	1	1	1	1
1	0	1	0	0	1	1	1	1	0	1	1	1
1	0	1	0	1	1	1	1	1	1	0	1	1
1	0	1	1	0	1	1	1	1	1	1	0	1
1	0	1	1	1	1	1	1	1	1	1	1	0

G* = G2A + GAB

74LS139

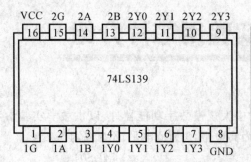

G	B	A	Y0	Y1	Y2	Y3
1	X	X	1	1	1	1
0	0	0	0	1	1	1
0	0	1	1	0	1	1
0	1	0	1	1	0	1
0	1	1	1	1	1	0

74LS374

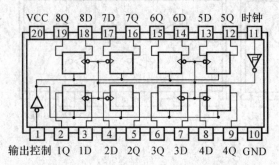

输出控制	G	D	输出
0	↑	1	1
0	↑	0	0
0	0	X	Q_0
1	X	X	Z

74LS245

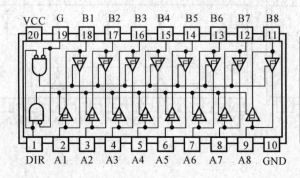

使能 G	方向控制 DIR	操作
0	0	B→A
0	1	A→B
1	X	隔开

74LS161

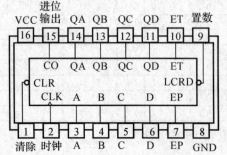

输入					输出			工作
清除	置数	时钟	使能		QA QB QC QD		进位	
			EP	ET			输出	计数
1	Ⅱ	↑	1	1	——		—	置数
1	0	↑	X	X	A B C D		—	清除
0↓	X	X	X	X	0 0 0 0		——	—
1	X	X	1	1	1 1 1 1		1 ⊓	

74LS193

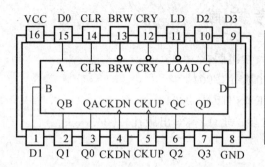

CKUP	CKDN	CLR	LD	功能
↑	1	0	1	上行计数
1	↑	0	1	下行计数
X	X	1	X	清除
X	X	0	0	置数

74LS175

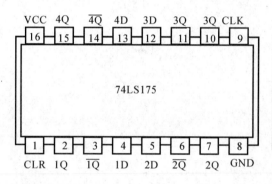

CLR	CLK	D	Q	$\bar{Q}$
0	X	X	0	1
0	↑	1	1	0
1	↑	0	0	1
1	0	X	Q_0	$\bar{Q}_0$

74LS175

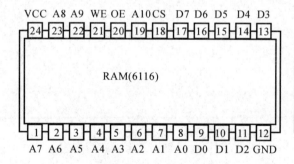

CS	WE	OE	功能
1	X	X	不选择
0	1	0	读
0	0	1	写
0	0	0	写

参 考 文 献

[1]　王城. 计算机组成与设计. 北京:清华大学出版社,2005.

[2]　白中英. 计算机组成原理. 北京:科学出版社,2004.

[3]　罗克露. 计算机组织原理. 北京:电子工业出版社,2004.

[4]　白中英. 计算机组成原理题解、题库、实验. 北京:科学出版社,2004.